改訂版

中学理科 140

Gakken

はじめに

この本では，入試の決め手となる理科の重要なポイントが，出題の多い項目から順にランキング形式でまとめられています。また，この本で覚えた内容をクイズ形式でいつでもどこでも確認できる無料のアプリを提供しております。

みなさんが本書とアプリを十分活用し，志望校合格の栄冠を勝ちとることができるよう，心から願っています。

無料アプリについて

本書に掲載されている内容を、クイズ方式で確認できるアプリを
無料でご利用いただけます。

アプリのご利用方法

スマートフォンでLINEアプリを開き、「学研ランク順」を友だち追加いただくことで、
クイズ形式で単語が復習できるWEBアプリをご利用いただけます。

WEBアプリ
LINE友だち追加は
こちらから

※クイズのご利用は無料ですが、
通信料はお客様のご負担になります。
※ご提供は予告なく終了することがあります。

学研ランク順　検索

この本の特長と基本構成

理科の入試問題は，実験・観察の大問形式で出題されるものがほとんどです。そのため入試対策では，重要な実験・観察をおさえることが能率のよい学習には欠かせません。

また，用語問題を確実におさえることや，実験の結果や実験操作を文章で書く問題（短文記述）について練習しておくことも重要です。

本書では，おもな用語，実験・観察，短文記述について，頻繁に問われるテーマをまとめ，直近の全国入試問題をもとに出題の多いものからランク順に配列しました。巻末にはよく出る作図や化学反応式・公式を掲載しました。

ランク順表示

そのテーマの各分野内での出題順位と，順位によるA・B・Cのランク分けの表示です。

よく出る図をおさえよう！

入試で問われる実験の操作や図のポイントがひと目でわかるようにまとめられています。

出題ポイントをしっかりチェック！

覚えたポイントは赤フィルターを使ってしっかりチェック。右ページの付属問題や，無料アプリも活用しよう！

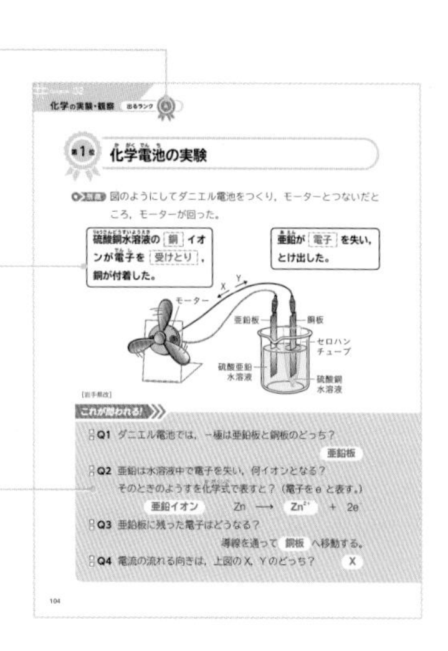
化学の実験・観察　出るランク

第1位　化学電池の実験

実験　図のようにしてダニエル電池をつくり，モーターとつないだところ，モーターが回った。

硫酸銅水溶液の 銅 イオンが電子を 受けとり ，銅が付着した。

亜鉛が 電子 を失い，とけ出した。

[岩手県改]

これが問われる！

Q1 ダニエル電池では，－極は亜鉛板と銅板のどっち？　亜鉛板

Q2 亜鉛は水溶液中で電子を失い，何イオンとなる？
そのときのようすを化学式で表すと？（電子を e^- と表す。）
亜鉛イオン　$Zn \longrightarrow Zn^{2+} + 2e^-$

Q3 亜鉛板に残った電子はどうなる？
導線を通って 銅板 へ移動する。

Q4 電流の流れる向きは，上図のX，Yのどっち？　X

104

CONTENTS

この本の特長と基本構成 …… 3

用語

1 物理の用語 …… 6
2 化学の用語 …… 22
3 生物の用語 …… 38
4 地学の用語 …… 54

実験・観察

1 物理の実験・観察 …… 72
2 化学の実験・観察 …… 104
3 生物の実験・観察 …… 134
4 地学の実験・観察 …… 164

短文記述

1 物理の短文記述 …… 196
2 化学の短文記述 …… 200
3 生物の短文記述 …… 210
4 地学の短文記述 …… 218

マチゲータ

メモットリ

カンソウオ

用語

1　物理の用語 …… 6
2　化学の用語 …… 22
3　生物の用語 …… 38
4　地学の用語 …… 54

第1位 仕事・エネルギー

仕事

▶物体に 力 を加えて，力の向きに物体を動かすこと。単位は ジュール (記号J)。

5 kgの物体を1 m持ち上げるとき 50 N × 1 m = 50 J の仕事をした。

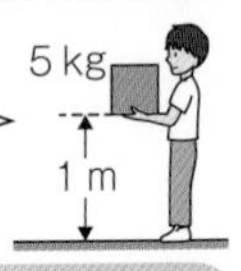

▶ 仕事〔J〕= 力の大きさ 〔N〕× 力の向きに動いた距離 〔m〕

仕事率

▶1秒あたりにした仕事の大きさ。単位は ワット (記号W)。

▶ $仕事率〔W〕= \frac{仕事〔J〕}{かかった時間〔s〕}$

仕事率が大きいほど少ない時間で大きい仕事ができるね。

仕事の原理

▶仕事の 大きさ は，道具を使っても使わなくても変わらない。

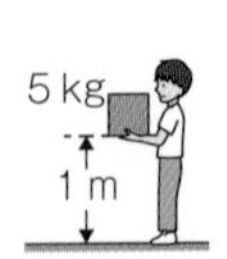

50 N× 1 m=50 J

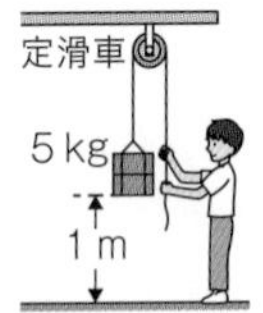

50 N× 1 m=50 J

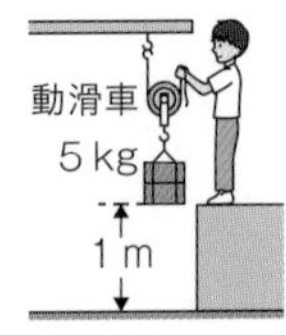

25 N× 2 m=50 J

※滑車の重さは考えない。

動滑車を使うと，物体を引く力の大きさは $\frac{1}{2}$ 倍になり，引く距離は2倍になる。

□□ エネルギー

▶ ほかの物体に仕事をする能力。
単位は **ジュール** (記号J)。

熱エネルギー，光エネルギー，音エネルギーなどいろいろあるよ！

□□ 位置エネルギー

▶ 高い位置にある物体がもつエネルギー。
物体の位置が **高く** ，物体の質量が **大きい** ほど大きい。

□□ 運動エネルギー

▶ 運動している物体がもつエネルギー。
物体の運動が **速く** ，物体の質量が **大きい** ほど大きい。

□□ 力学的エネルギーの保存

▶ 位置エネルギーと運動エネルギーの和を **力学的エネルギー** という。摩擦や空気の抵抗がなければ，力学的エネルギーはつねに一定に保たれる。

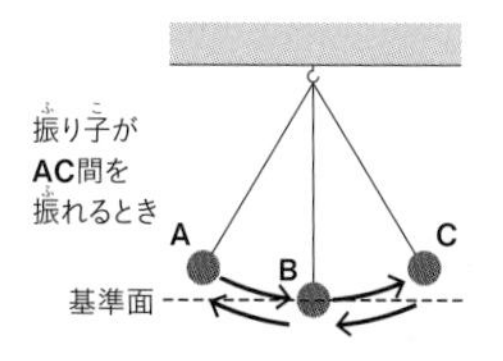

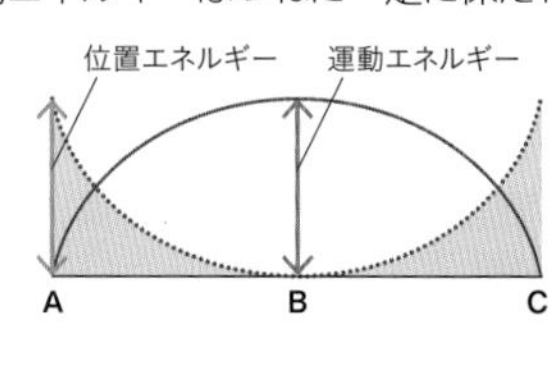

振り子の位置	A	B	C
位置エネルギー	最大	0	最大
運動エネルギー	0	最大	0

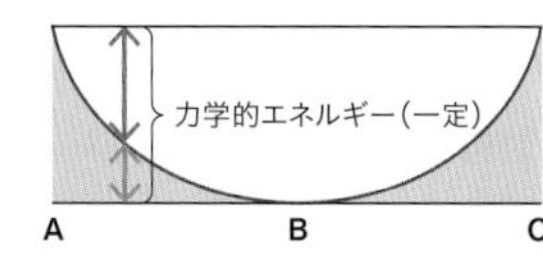

光の性質

□□ 反射の法則（光の反射の法則）

▶ 光が鏡や水面で反射するとき，入射角と **反射角** の大きさは等しくなる。

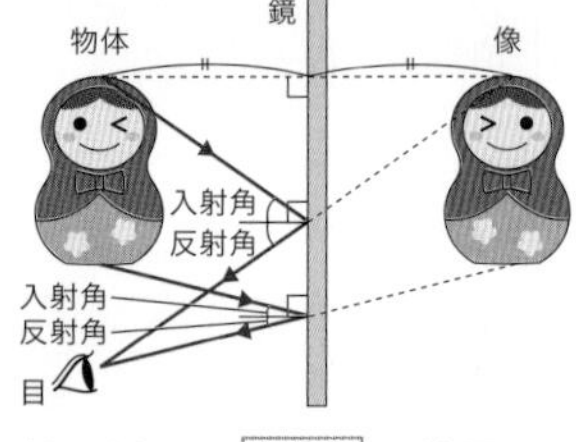

▶ **入射角 ＝ 反射角**

▶ 鏡などに映って見える物体を **像（虚像）** といい，物体と像とは，鏡に対して **対称** の位置にあるように見える。

□□ 乱反射

▶ 凹凸のある面で，光がいろいろな方向に **反射** する現象。

光が反射した１点だけで見れば，光の反射の法則が成り立っているよ。

□□ 光の屈折

▶ 光が異なる物質の境界面で折れ曲がる現象。

①空気中から水中へ進むとき

入射角 ＞ 屈折角

②水中から空気中へ進むとき

入射角 ＜ 屈折角

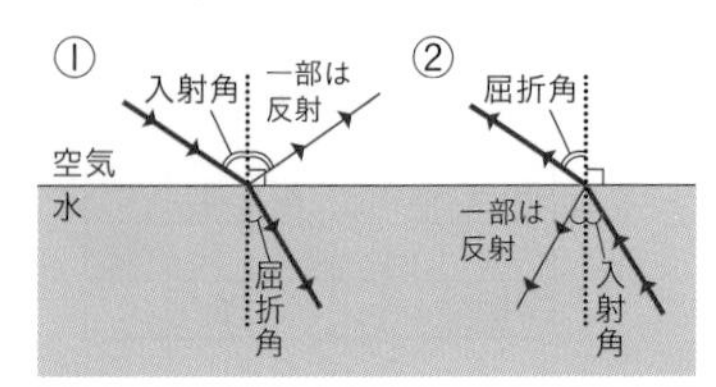

□□ 全反射（ぜんはんしゃ）

光ファイバーは全反射を利用して光を届けるよ。

▶ 入射角がある角度よりも **大きく** なった結果，屈折が起こらず，光がすべて反射する現象。

□□ 焦点（しょうてん）

▶ 光軸（こうじく）（凸（とつ）レンズの軸（じく））に **平行** に入った光が集まる点。凸レンズの **両** 側にある。

□□ 焦点距離（しょうてんきょり）

▶ 凸レンズの中心から **焦点** までの距離。

□□ 実像（じつぞう）

▶ 物体が凸レンズの焦点よりも **外** 側にあるときにできる像。物体と上下左右が **逆** 向き。

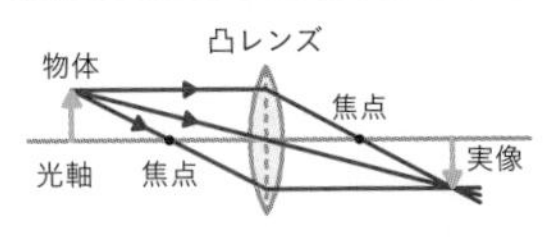

□□ 虚像（きょぞう）

虫眼鏡で大きくして見ているのは虚像だよ。

▶ 物体が凸レンズの焦点よりも **内** 側にあるときに凸レンズなどを通して見える像。物体と **同じ** 向きで，大きさは物体よりも **大きい** 。

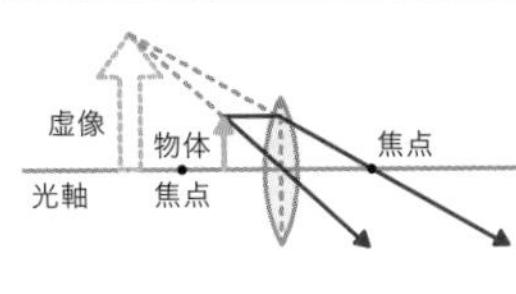

第3位 回路の電流・電圧

回路

▶ 電流 が流れる道すじ。

電流

▶ 電気の流れ。電流の向きは，電源の ＋ 極から出て － 極に流れこむと決められている。

▶ 記号 I で大きさを表す。単位は アンペア （記号 A)。

1 A＝ 1000 mA　1 mA＝ 0.001 A

電圧

▶ 回路に電流を流そうとするはたらき。

▶ 記号 V で大きさを表す。単位は ボルト （記号 V)。

電気抵抗（抵抗）

▶ 電流の流れにくさ。

▶ 記号 R で大きさを表す。単位は オーム （記号Ω)。

オームの法則

▶ 電流の大きさは，電圧の大きさに 比例 する。

▶ **電圧〔V〕＝ 抵抗〔Ω〕 × 電流〔A〕**　▶ $V=RI$

□□ 直列回路（ちょくれつかいろ）

▶電流の流れる道すじが１本道になっている回路。

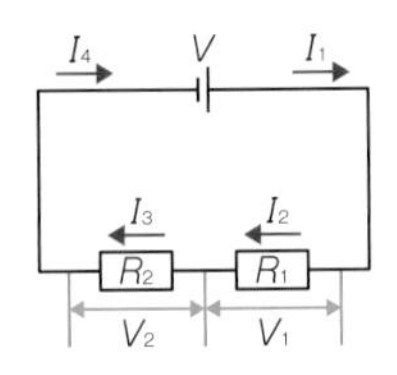

▶電流の関係

$$I_1 = I_2 = I_3 \boxed{=} I_4$$

▶全体の電圧 V

$$V = V_1 \boxed{+} V_2$$

▶全体の抵抗 R

$$R = R_1 \boxed{+} R_2$$

①電流…どの部分でも **等しい** 。

②電圧…全体の電圧（電源の電圧）は，各部分の電圧の **和** に等しい。

③抵抗…全体の抵抗は，それぞれの抵抗よりも **大きく** なる。

□□ 並列回路（へいれつかいろ）

▶電流の流れる道すじが枝分かれしている回路。

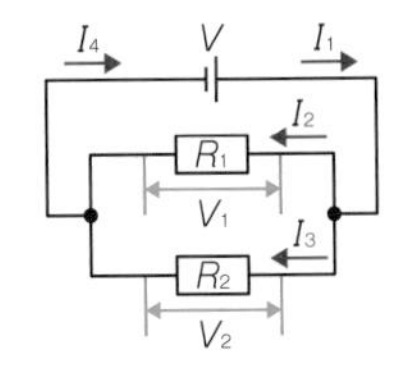

▶電流の関係

$$I_1 = I_2 \boxed{+} I_3 = I_4$$

▶全体の電圧 V

$$V = V_1 \boxed{=} V_2$$

▶全体の抵抗 R

$$\frac{1}{R} = \frac{1}{R_1} \boxed{+} \frac{1}{R_2}$$

①電流…枝分かれする前の電流の大きさは，枝分かれしたあとの電流の大きさの **和** と等しい。

②電圧…どの部分でも **等しい** 。

③抵抗…全体の抵抗は，それぞれの抵抗よりも **小さく** なる。

第4位 運動の規則性

□□ 速さ

▶物体が単位時間に移動した 距離 。
単位はメートル毎秒（記号 m/s ）や
キロメートル毎時（記号 km/h）など。

物体の運動は，速さと向きで表されるよ。

▶ 速さ〔m/s〕＝ 移動距離〔m〕／ 移動にかかった時間 〔s〕

□□ 平均の速さ

▶物体がある区間を 一定 の速さで移動したとして考えたときの速さ。

□□ 瞬間の速さ

▶ごく 短い 時間に移動した距離をもとにして求めたときの速さ。

□□ 等速直線運動

▶一直線上を 一定 の速さで動く運動。
▶移動距離は 時間 に比例する。
→グラフは 原点 を通る直線になる。

▶ 等速直線運動の移動距離〔m〕
＝速さ〔m/s〕 × 時間〔s〕

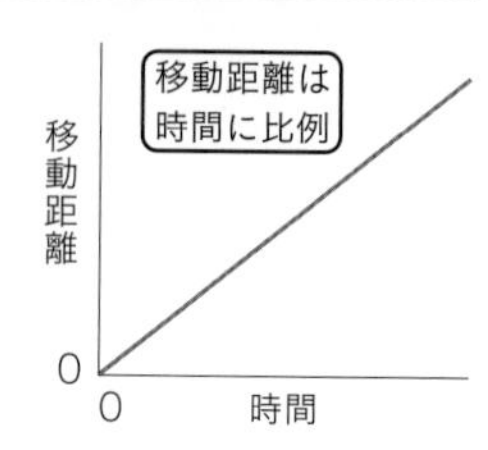

□□ 慣性(かんせい)

▶ 物体がそのままの運動を **続け** ようとする性質。

電車が急停車したとき，乗客は運動の状態を続けようとするから進行していた方向に傾(かたむ)くんだよ。

□□ 慣性(かんせい)の法則

▶ 物体に力がはたらいていない，もしくは，はたらいていてもつり合っている（合力(ごうりょく)が **0** ）とき，静止している物体は静止し続け，運動している物体は **等速直線** 運動を続けること。

□□ 自由落下(じゆうらっか)（自由落下運動(じゆうらっかうんどう)）

▶ 垂直に落下する物体の運動。
物体にはつねに一定の **重力** がはたらき続けるので，速さは時間に **比例** する。

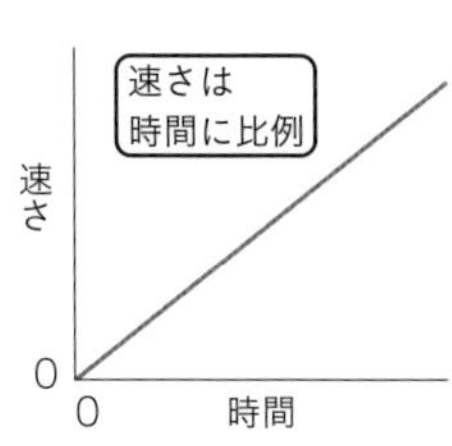

□□ 作用(さよう)・反作用(はんさよう)の法則

▶ ある物体（A）がほかの物体（B）に力を加えたとき，必ず同時に，AはBから同一直線上で **反対** の向きに， **同じ** 大きさの力を受ける。

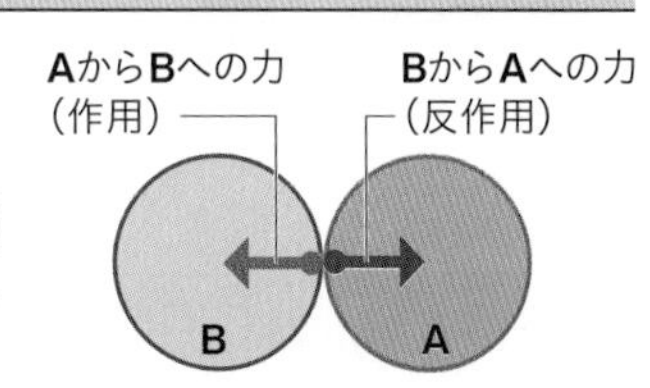

▶ 作用・反作用の関係にある2力のうちの一方を作用というとき，もう一方の力を， **反作用** という。

第5位 電流による発熱・電力

□□ 電気エネルギー

▶ 電気のもつ，光や音を発生させたり，ものを動かしたりする能力。

→わたしたちは，電気器具に電流を流すことで電気エネルギーを光や音などのさまざまな形に変えて利用している。

光…電灯や蛍光灯など　音…スピーカーなど

熱 …電気ストーブなど　動き…モーターなど

□□ 電力（消費電力）

▶ 単位時間（1秒間）あたりに使われる **電気エネルギー** の量。

記号 P で表す。

単位は **ワット** （記号 W）やキロワット（記号 **kW** ）。

1 W = **0.001** kW　1 kW = **1000** W

▶ **電力〔W〕＝電圧〔V〕 × 電流〔A〕**

→ 1 W は，1 V の電圧で 1 A の電流が流れるときの電力。

□□ 熱（熱エネルギー）

▶ 物体の温度を変える原因になるもの。エネルギーの一種。熱を得た物体の温度は **上** がり，熱を失った物体の温度は **下** がる。

熱量

- 物質が得たり失ったりする **熱** （熱エネルギー）の量。
  単位は **ジュール** （記号 J）。

熱量〔J〕＝ 電力 〔W〕× 時間〔s〕

電流によって発生する熱量は，電力の大きさと時間に比例する！

→ 1 W の電力で電流を 1 秒間流したときに発生する熱量は 1 J。

電力量

- ある時間に消費した電力の総量。電力と時間の **積** で表される。
- 単位は **ジュール** （記号 J）やワット時（記号 **Wh** ），
  キロワット時（記号 **kWh** ）など。

電力量〔J〕＝ 電力 〔W〕× 時間〔s〕

電力量〔Wh〕＝ 電力〔W〕× 時間 〔h〕

熱量と電力量の単位には，どちらもジュールを使うんだね。

→電力 1 W を 1 秒間使ったときの電力量が 1 J。

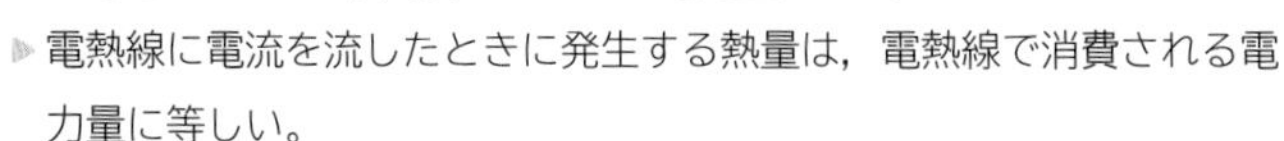

- 電熱線に電流を流したときに発生する熱量は，電熱線で消費される電力量に等しい。

発電方法とエネルギー

- 火力発電… **化石燃料** を燃やしたときに発生する熱エネルギーを利用。
- **原子力** 発電…ウランなどが核分裂するときの核エネルギーを利用。
- 水力発電…ダムにたまった水のもつ **位置** エネルギーを利用。
- 太陽光発電…太陽の光エネルギーを利用。

第6位 力のはたらき

弾性力(弾性の力)

▶ 変形した物体が，もとの形に **もどろう** として生じる力。
→もとの形にもどろうとする性質を **弾性** という。

摩擦力(摩擦の力)

▶ 物体の動きを **さまたげる** 向きにはたらく力。
物体どうしが接触している面ではたらく。

磁力(磁石の力)

▶ 磁石の異なる極どうしが **引き** 合ったり，
同じ極どうしが **しりぞけ** 合ったりする力。

垂直抗力

▶ 面を押している物体に対して，
面から **垂直** な向きにはたらく力。

垂直抗力の大きさは，物体が面を垂直に押す力の大きさと等しいよ。

重力

▶ 地球が物体を地球の **中心** に向かって引く力。

重さ

▶ 物体にはたらいている **重力** の大きさ。

□□ 質量(しつりょう)

▶ 物体そのものの量。

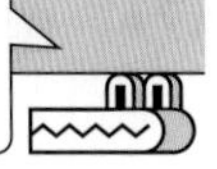

質量はどこではかっても変わらないけど，重さははかるところの重力の大きさによって変わるよ。

□□ ニュートン

▶ 力の大きさを表す単位（記号 **N** ）。
→約 100 g の物体にはたらく重力の大きさが 1 N。

□□ フックの法則

▶ ばねののびは，加えた力の大きさに **比例** する。

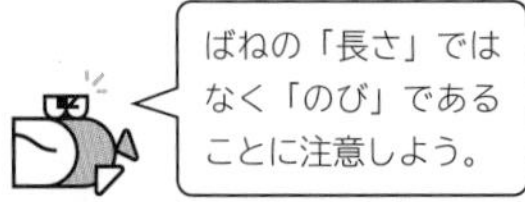

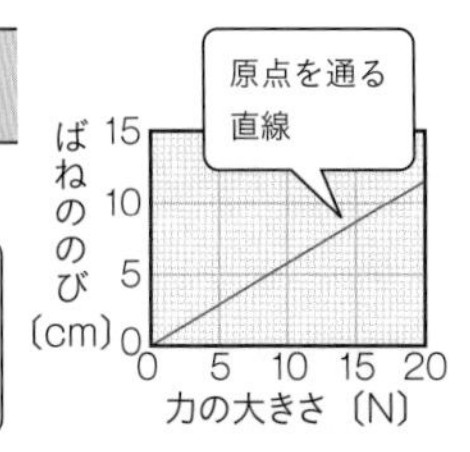

□□ 水圧(すいあつ)

▶ 水にはたらく **重力** によって生じる圧力(あつりょく)。
物体が水中の深いところにあるほど，物体にはたらく水圧の大きさは **大きく** なる。

□□ 浮力(ふりょく)

▶ 水中の物体が，水から受ける **上** 向きの力。
→物体の上面と下面にはたらく水圧の大きさの差が浮力が生じる原因である。

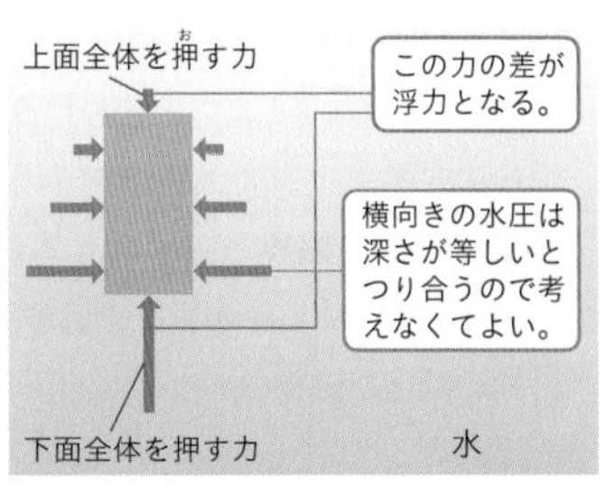

電流と磁界

□□ 磁力

▶磁石の極と極や，極と鉄片などの間にはたらく力。

・磁石のＳ極とＮ極…［引き］合う。

・Ｓ極とＳ極（Ｎ極とＮ極）…［しりぞけ］合う。

□□ 磁界（磁場）

▶［磁力］がはたらいている空間。

①磁界の向き…磁界中に置いた磁針の［Ｎ］極が指す向き。

②磁界の強さ…磁界中の各点での磁力の強さ。磁石のまわりでは，［極］に近いほど強い。

▶**電流による磁界**…導線のまわりの磁界は，導線を中心に，［同心円］状にできる。

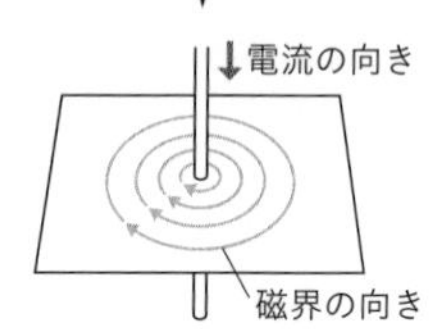

①直線状の電流がつくる磁界…電流の向きを右ねじの進む向きと合わせると，磁界の向きは，右ねじを回す向きになる。

②コイル内の磁界…右手の４本の指で電流の向きにコイルをにぎると，［親］指の向きが磁界の向きになる。

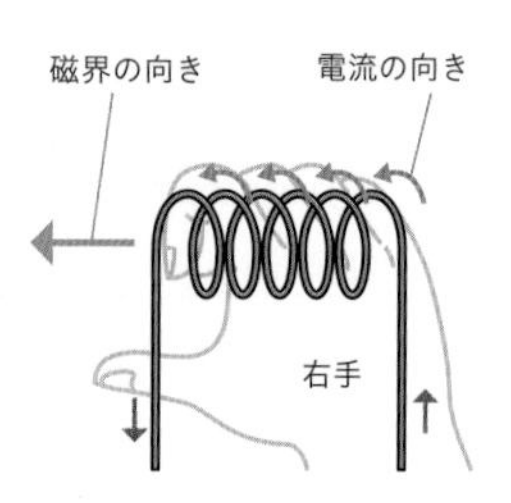

▶ **電流が磁界から受ける力**

①電流だけを逆向きにする。

→力の向きは **逆向きになる** 。

②磁界だけを逆向きにする。

→力の向きは **逆向きになる** 。

③電流と磁界のどちらも逆向きにする。→力の向きは **変わらない** 。

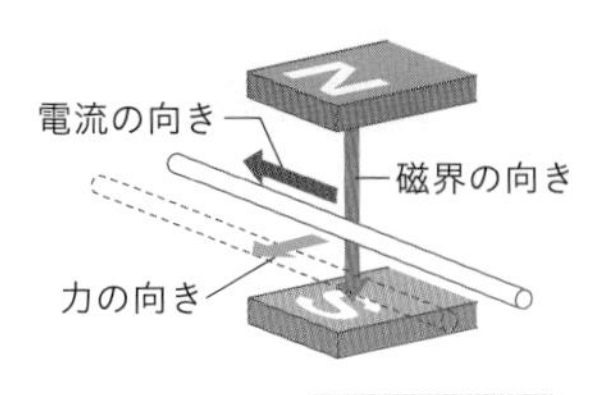

□□ 磁力線

▶ 磁界の向きに沿ってかいた線。向きは，**N** 極から出て **S** 極へ向かう向き。

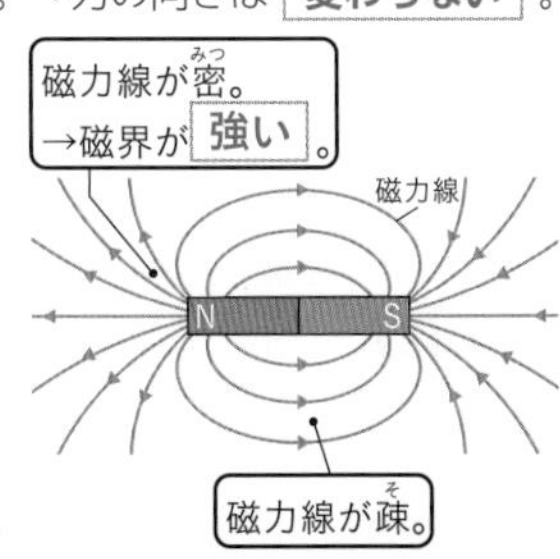

□□ 電磁誘導

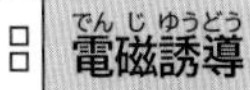

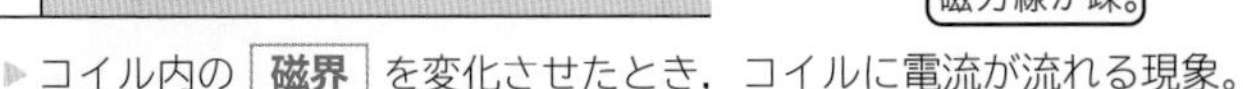

▶ コイル内の **磁界** を変化させたとき，コイルに電流が流れる現象。

□□ 誘導電流

▶ **電磁誘導** によって流れる電流。

□□ 直流

▶ 向きが **一定** の電流。

乾電池から得られる電流は直流，家庭のコンセントから得られる電流は交流だね。

□□ 交流

▶ 向きが周期的に変化する電流。

→1 秒間にくり返す電流の変化の回数を **周波数** という。

単位はヘルツ（記号 **Hz** ）。

音の性質

□□ 音源（発音体）

▶ **振動** して音を出しているもの。

□□ 振幅

▶ 音源の振動の振れ幅。振幅が大きいほど，音の大きさは **大きい** 。

□□ 振動数

▶ 音源の1秒間に振動する回数。周波数ともいう。振動数が大きいほど，音の高さは **高い** 。

▶ 単位は **ヘルツ** （記号 Hz）。

下の図①の時間が1秒間なら，1秒間に2回振動しているから，振動数は2 Hzだね。

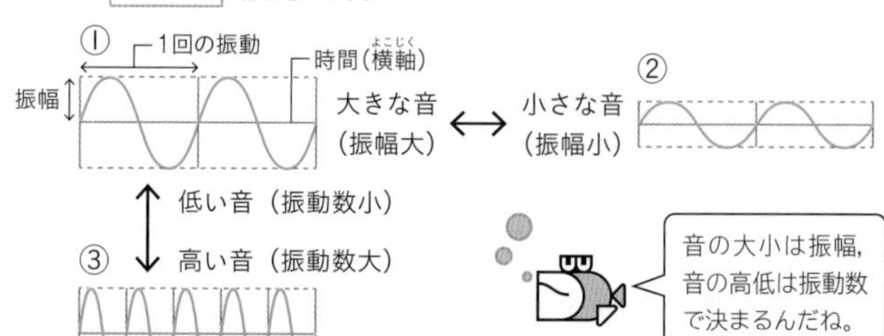

□□ 音の伝わる速さ

▶ 空気中では，1秒間に約 340 m。光よりもはるかに **おそい** 。

電流の正体

□□ 静電気

▶ 2種類の異なる物質をこすり合わせたときに生じる電気。電気の種類は＋か－。

同じ種類の電気はしりぞけ合って，ちがう種類の電気は引き合うよ。

□□ 放電

▶ たまっていた電気が流れ出す現象。

□□ 真空放電

▶ 気圧を **低く** した空間に電流が流れる現象。

電子が移動する向きと，電流の向きは逆向き！

電流の向き
電子の移動する向き
電子
＋
－

□□ 電子

▶ **－** の電気をもつ粒子。

□□ 陰極線（電子線）

▶ 真空放電によって見られる， **－** 極の金属から飛び出した電子の流れ。
→電流の正体は， **－** 極から **＋** 極へ移動する電子の流れ。

□□ 放射線

▶ 大きなエネルギーをもった粒子の流れや光の一種。X線，α線，β線，γ線などがある。
→放射線を出す物質を， **放射性物質** という。

放射性物質のもつ，放射線を出す能力のことを「放射能」というよ。

第1位 水溶液とイオン

□ 電解質と非電解質

▶水にとけると電流が流れる物質を **電解質** ，水にとけても電流が流れない物質を **非電解質** という。

電解質	非電解質
塩化ナトリウム	砂糖
塩化銅	エタノール

□ 原子核

▶原子の中心にあり， **陽子** と中性子からなる。

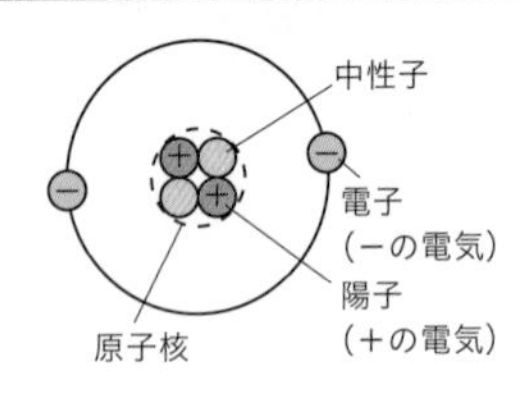

▲ヘリウム原子の構造

□ 陽子

▶原子核をつくる， **＋** の電気をもった粒子。

□ 中性子

▶ **原子** 核をつくる，電気をもたない粒子。

同じ元素でも中性子の数が異なる原子があり，同位体というよ。

□ 電子

▶原子核のまわりにあり， **－** の電気をもった粒子。

ふつうの状態では，原子の中の陽子の数と電子の数は等しいよ。

イオン

▶原子やその集団が **電気** を帯びた粒子。

陽(よう)イオン

▶原子やその集団が **電子** を失い，

＋ の電気を帯びたイオン。

〈例〉ナトリウムイオン（Na^{+}）

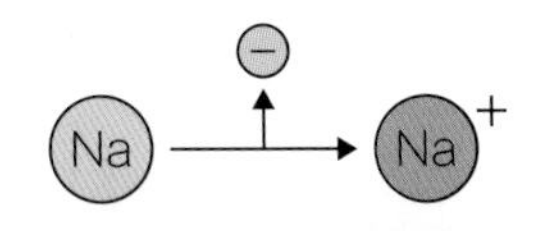

陰(いん)イオン

▶原子やその集団が **電子** を受けとり，

－ の電気を帯びたイオン。

〈例〉塩化物イオン（Cl^{-}）

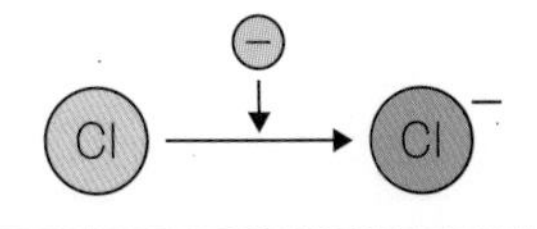

電離(でんり)

▶電解質が水にとけて，**陽** イオンと陰イオンに分かれること。

イオンがあると，水溶液に電流が流れる。

金属のイオン

▶金属の **種類** によってイオンへのなりやすさがちがう。

〈例〉亜鉛(あえん)片に硫酸銅(りゅうさんどう)水溶液を加える

- 亜鉛原子→ **亜鉛イオン**（Zn^{2+}）
- 銅イオン（Cu^{2+}）→ **銅原子**（Cu）

▶イオンへのなりやすさ（>，<を入れる）

マグネシウム **>** 亜鉛 **>** 銅

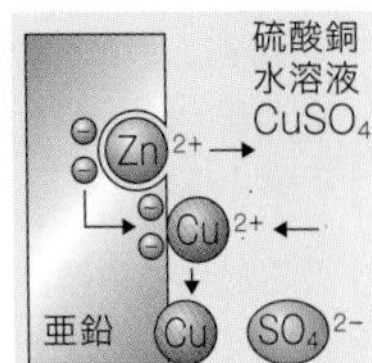

気体の性質

□□ 水上置換法（すいじょうちかんほう）

▶酸素や水素などのように水に **とけにくい** 気体の集め方。

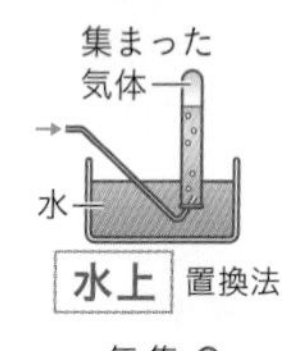

水上 置換法

□□ 上方置換法（じょうほうちかんほう）

▶アンモニアなどのように水に **とけやすく** ，空気より密度（みつど）が **小さい** 気体の集め方。

集まった気体

上方 置換法

□□ 下方置換法（かほうちかんほう）

▶二酸化炭素などのように水に **とけやすく** ，空気よりも密度が **大きい** 気体の集め方。ただし，二酸化炭素は水に少しとけるだけなので，水上置換法で集めることもできる。

集まった気体

下方 置換法

□□ 酸素

・無色・無臭（むしゅう）で空気よりも少し **重い** 。

・空気中に体積の割合で約 **21** %ふくまれる。

・ものを **燃やす** はたらきがある。

・二酸化マンガンに，うすい **過酸化水素水** （オキシドール）を加えると発生する。

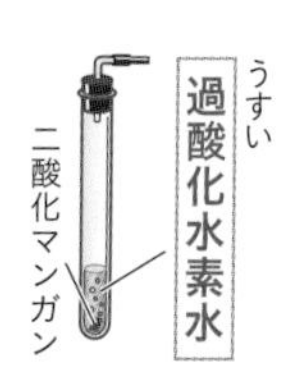

□□ 二酸化炭素

・無色・無臭で空気よりも **重い** 。
・水に少しとけて，水溶液は **酸** 性を示す。
・石灰水に通すと，石灰水が **白く** にごる。
・石灰石や貝殻に，うすい **塩酸** を加えると発生する。

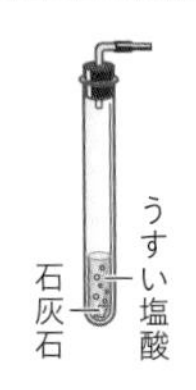

□□ 水素

・無色・無臭で空気より非常に **軽い** 。
・空気中で火をつけると，音を立てて燃え，**水** ができる。
・亜鉛，鉄などの金属に，うすい **塩酸** を加えると発生する。

□□ アンモニア

・無色で，鼻をさすような **刺激臭** があり，空気より **軽い** 。
・水によくとけ，水溶液は **アルカリ** 性を示す。
・塩化 **アンモニウム** と水酸化カルシウムの混合物を加熱すると発生する。

水溶液にフェノールフタレイン溶液を加えると赤色になるよ。

□□ 窒素

・空気中に体積の割合で約 **78** %ふくまれる。
・水にとけにくく，ふつうの温度では **反応** しにくい気体。

第3位 水溶液の性質

密度

$$\text{物質の密度〔g/cm}^3\text{〕} = \frac{\text{物質の 質量 〔g〕}}{\text{物質の 体積 〔cm}^3\text{〕}}$$

溶質と溶媒

- 溶質は溶液にとけている物質。
  食塩水では 食塩 のこと。
- 溶媒は溶質をとかしている液体。
  食塩水では 水 のこと。

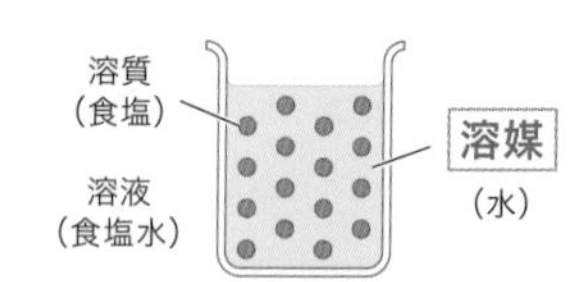

水溶液

- 物質がとけている液全体を 溶液 という。溶媒が 水 である溶液を 水溶液 という。食塩水は水溶液。

質量パーセント濃度

$$\text{質量パーセント濃度〔\%〕} = \frac{\text{溶質 の質量〔g〕}}{\text{溶液 の質量〔g〕}} \times 100$$

$$= \frac{\text{溶質 の質量〔g〕}}{\text{溶媒 の質量〔g〕＋溶質の質量〔g〕}} \times 100$$

□□ 飽和水溶液

▶物質がそれ以上 **とける** ことができない水溶液。

□□ 溶解度

▶ **100** gの水にとける物質の **質量** (g)の限界量。
固体の場合は，ふつう温度が **高い** ほど大きくなる。

□□ 溶解度曲線

▶水の温度と **溶解度** の関係をグラフに表したもの。

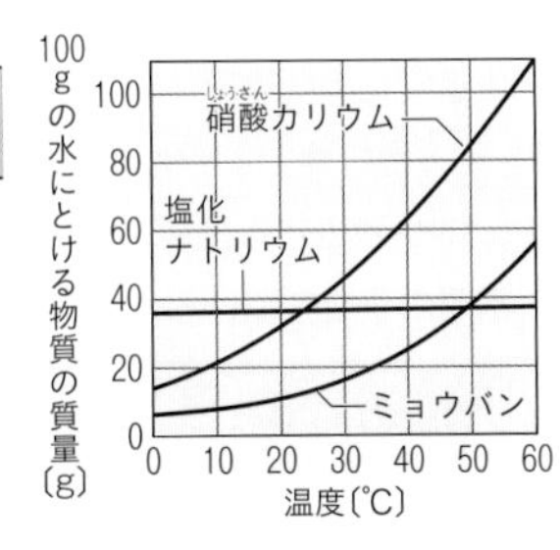

塩化ナトリウム（食塩）は，温度が変わってもとける量はほとんど変わらないよ。

□□ 結晶

▶純粋な物質で，いくつかの平面に囲まれた **規則正しい** 形をした固体。

□□ 再結晶

▶物質を溶媒にとかし，温度を下げたり溶媒を **蒸発** させたりして，再び **結晶** としてとり出すこと。
▶再結晶により，物質をより **純粋** に近づけることができる。

結晶のように1種類の物質でできているものを純粋な物質というよ。

質量保存の法則・酸化と還元

質量保存の法則

▶化学変化の前後では，物質全体の質量が **変わらない** という法則。

▶化学変化の前後で，原子の種類と **数** は変わらない。

▶化学変化の前後で，原子の **組み合わせ** は変化する。

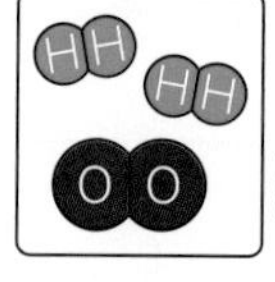

▶気体が発生する反応では，密閉容器中では **質量** は変化しないが，容器のふたを開けると反応後の質量は **減少** する。

質量の割合

▶化学変化に関係する物質の質量の比はつねに **一定** である。

〈例〉銅の酸化では，銅：酸素＝ **4** ：1で，マグネシウムの酸化では，マグネシウム：酸素＝ **3** ：2で結びつく。

酸化

▶物質が **酸素** と結びつく反応。

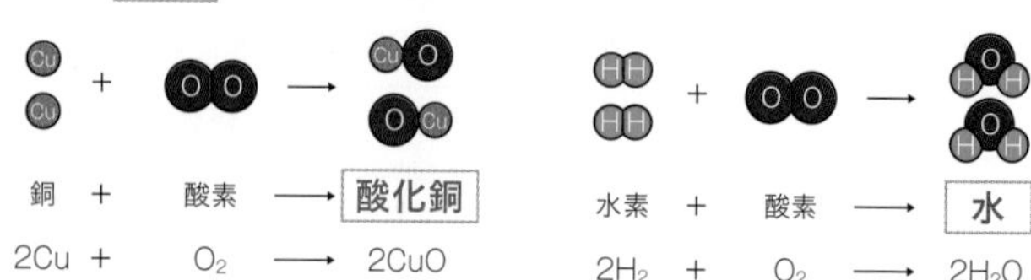

銅 ＋ 酸素 ⟶ **酸化銅**

$2Cu + O_2 \longrightarrow 2CuO$

水素 ＋ 酸素 ⟶ **水**

$2H_2 + O_2 \longrightarrow 2H_2O$

□□ 酸化物（さんかぶつ）

▶ **酸素** と結びついてできる化合物（かごうぶつ）。

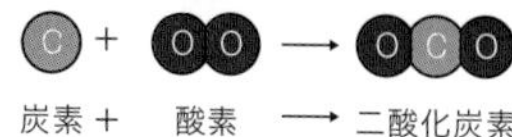

$C + O_2 \longrightarrow CO_2$

▶ 物質＋酸素 ⟶ **酸化物**

〈例〉二酸化炭素（CO_2）は **炭素** が酸化されてできた酸化物。

酸化物の化学式（かがくしき）には酸素のOがふくまれているね。

□□ 燃焼（ねんしょう）

▶ 物質が熱や光を激しく出しながら，**酸化** されること。

〈例〉マグネシウム（Mg）を加熱すると，熱や **光** を出しながら **酸素** と結びつき，酸化マグネシウムができる。

□□ さび

▶ 金属がおだやかに **酸化** されてできた酸化物。

〈例〉鉄くぎのさび…鉄＋ **酸素** ⟶酸化鉄

□□ 還元

▶ 酸化物から **酸素** がうばわれる化学変化。

▶ 還元が起こるとき，同時に **酸化** が起こる。

〈例〉酸化銅の炭素による還元

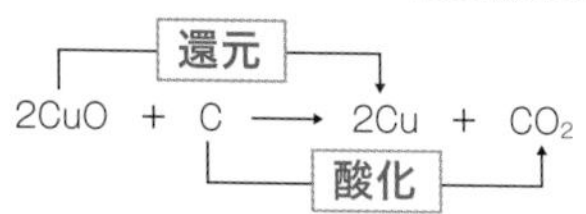

炭素は銅より酸素と結びつきやすいといえるね。

化学変化とエネルギー

□□ 電池（化学電池）

▶ 化学変化を利用して，物質がもつ **化学** エネルギーを **電気** エネルギーに変える装置。

▶ 電解質の水溶液に **2** 種類の金属を入れて導線でつなぐと，よりイオンになりやすい金属が，電池の **－** 極となる。

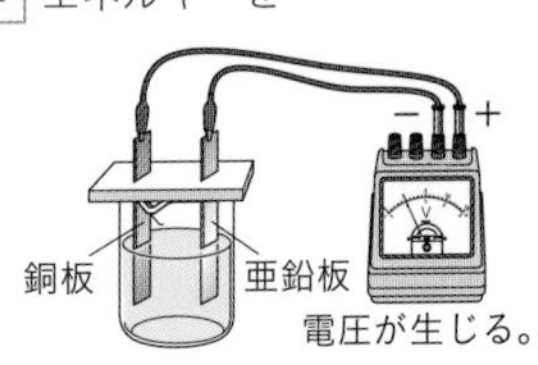

□□ 木炭電池

▶ **木炭**（備長炭），アルミニウムはく，濃い食塩水を組み合わせた電池。

電流をとり出し続けたあとのアルミニウムはくは，ぼろぼろになるよ。

□□ ダニエル電池

▶ 電極に銅板と **亜鉛** 板の２種類の金属板，電解質水溶液に硫酸亜鉛水溶液と **硫酸銅** 水溶液の２種類の水溶液を用いた電池。

▶ 亜鉛原子が **亜鉛イオン** になり，銅イオンが **銅原子** となる。

▶ －極：$Zn \longrightarrow$ **Zn^{2+}** ＋ **2** e^-

導線を通って移動する

＋極：**Cu^{2+}** ＋ **2** $e^- \longrightarrow Cu$

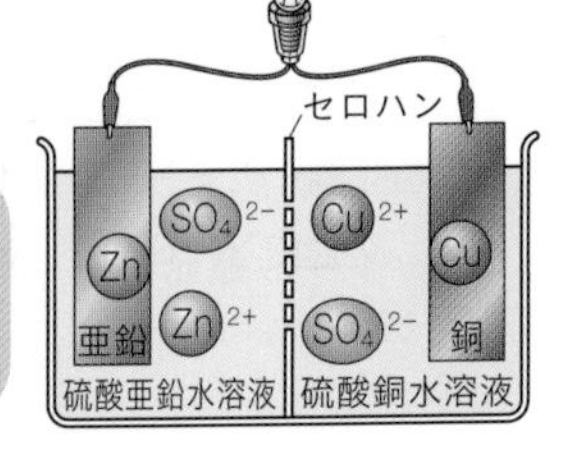

□□ 一次電池

▶使用すると **電圧** が低下し，もとにもどらない電池。
充電 できない。〈例〉アルカリマンガン乾電池

□□ 二次電池

▶ **充電** によって電圧が回復し， **くり返し** 利用できる電池。
〈例〉鉛蓄電池，リチウムイオン電池

▶充電とは外部から逆向きの電流を流し， **電圧** をもとにもどす操作。

□□ 燃料電池

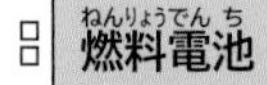

▶水の電気分解とは **逆** の化学変化を利用した電池。

環境に対する悪影響が少ないんだ。

▶ 水素（$2H_2$）＋ **酸素**（O_2）⟶ **水**（$2H_2O$）
　　　　　　　　　　　　　　　→電気エネルギー

□□ 発熱反応

▶化学変化が起こるときに，熱を **発生** する反応。
まわりの温度が **上がる** 反応。

化学かいろは発熱反応を利用しているよ。

□□ 吸熱反応

▶化学変化が起こるときに，周囲の熱を **うばう** 反応。
まわりの温度が **下がる** 反応。

物質の成り立ちと原子・分子

□□ 化学変化（化学反応）

▶ もとの物質とは **性質** の異なる，別の物質ができる変化。

□□ 分解

▶ 1種類の物質が **2** 種類以上の物質に分かれる化学変化。

□□ 原子

▶ 物質をつくっている **最小** の粒子。
▶ それ以上分けることが **できない** 。

水素の **分子**　酸素の **分子**

H H　O O

水の **分子**

□□ 分子

▶ **原子** がいくつか結びついた，物質の **性質** を示す最小の粒子。

□□ 元素

▶ 物質を構成する原子の **種類** 。
▶ 元素をアルファベットで表した記号を **元素記号** という。
▶ 元素を **原子** 番号順に並べた表を **周期表** という。

元素	元素記号
水素	H
酸素	O
炭素	C
ナトリウム	Na
鉄	Fe
銅	Cu

□□ 化学式（かがくしき）

▶ 物質を 元素 記号や数字を使って表した式。

おもな化学式はp228も見ておこう。

水素	H_2	酸化銅	CuO
酸素	O_2	酸化マグネシウム	MgO
水	H_2O	塩化水素	HCl
塩素	Cl_2		
二酸化炭素	CO_2	水酸化ナトリウム	NaOH

□□ 化学反応式（かがくはんのうしき）

▶ 化学変化を 化学 式を使って表したもの。

▶ 矢印の左右で，原子の種類と 数 は等しい。

水の分解	$2H_2O \longrightarrow$ $2H_2$ $+O_2$
炭酸水素ナトリウムの分解	$2NaHCO_3 \rightarrow$ Na_2CO_3 $+CO_2+H_2O$
銅の酸化（さんか）	$2Cu+O_2 \longrightarrow$ 2CuO

反応前の物質を左辺に，反応後の物質を右辺に書くよ。

□□ 単体（たんたい）

▶ 1 種類の元素からできている物質。

□□ 化合物（かごうぶつ）

▶ 2種類以上の 元素 からできている物質。

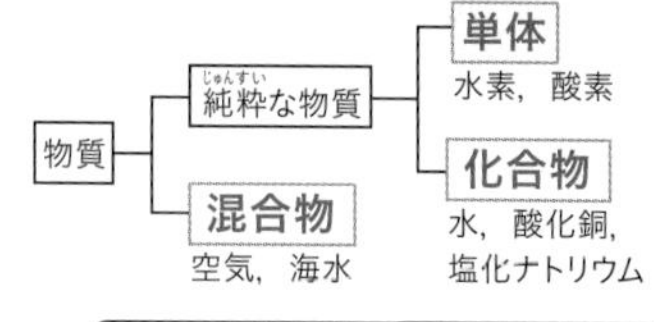

単体や化合物には分子をつくる物質（水素，水など）と分子をつくらない物質（鉄，酸化銅など）があるよ。

□□ 混合物（こんごうぶつ）

▶ 2種類以上の物質が 混じり 合っているもの。

第7位 酸(さん)・アルカリ

酸

▶ 水溶液(すいようえき)にしたとき，電離(でんり)して **水素** イオン(化学式(かがくしき) **H^+**)を生じる化合物(かごうぶつ)。

▶ **酸 → H^+ ＋ 陰(いん)イオン**

〈例〉

塩化水素	HCl	⟶	**H^+**	＋ Cl^-（塩化物イオン）
硫酸(りゅうさん)	H_2SO_4	⟶	**$2H^+$**	＋ SO_4^{2-}（硫酸イオン）
硝酸(しょうさん)	HNO_3	⟶	**H^+**	＋ NO_3^-（硝酸イオン）

酸の H^+ は陽イオン，アルカリの OH^- は陰イオンだね。

▶ 酸性の水溶液にマグネシウムを入れると， **水素** が発生する。

アルカリ

▶ 水溶液にしたとき，電離して **水酸化物** イオン（化学式 **OH^-** ）を生じる化合物。

▶ **アルカリ → OH^- ＋ 陽(よう)イオン**

〈例〉

水酸化ナトリウム	$NaOH$	⟶	Na^+（ナトリウムイオン） ＋	**OH^-**
水酸化カリウム	KOH	⟶	**K^+**（カリウムイオン） ＋	OH^-
水酸化バリウム	$Ba(OH)_2$	⟶	Ba^{2+}（バリウムイオン） ＋	**$2OH^-$**

pH(ピーエイチ)

▶ 水溶液の酸性， **アルカリ** 性の強さを表す数値。
pH の数値が **7** のとき中性。

酸性, 中性, アルカリ性

▶ 水溶液の性質と指示薬(しじやく)の変化

	酸性	中性	アルカリ性
リトマス紙	青色 → **赤色**	変化しない	赤色 → **青色**
BTB溶液(ようえき)	**黄色**	緑色	**青色**
フェノールフタレイン溶液	無色	無色	**赤色**
pH	7より **小さい**	**7**	7より **大きい**

中和(ちゅうわ)

▶ 酸の水素イオンとアルカリの **水酸化物イオン** から **水** を生じ, たがいの性質を打ち消し合う反応。

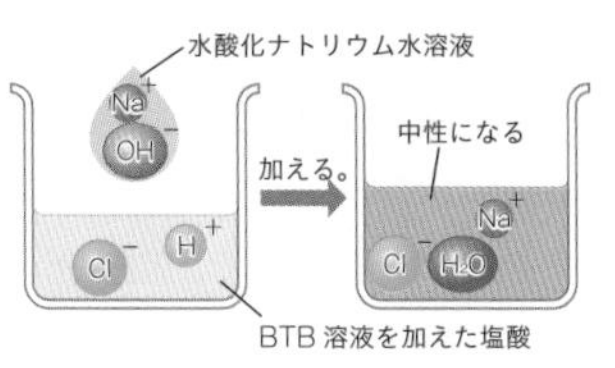

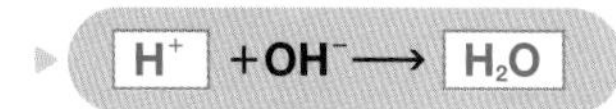

〈例〉 $HCl+NaOH \longrightarrow$ **$NaCl$** $+H_2O$

$H_2SO_4+Ba(OH)_2 \longrightarrow BaSO_4+$ **$2H_2O$**

塩(えん)

▶ 中和のとき, 酸の **陰** イオンとアルカリの **陽** イオンが結びついてできる物質(ぶっしつ)。

▶ 酸+アルカリ⟶ **塩** +水

〈例〉 塩化ナトリウム ($NaCl$)
硫酸バリウム ($BaSO_4$)

第8位 物質の状態変化

状態変化

▶物質が温度によって固体↔ 液体 ↔気体と状態が変化すること。

▶状態が変化すると，体積は変化するが，質量 は変わらない。

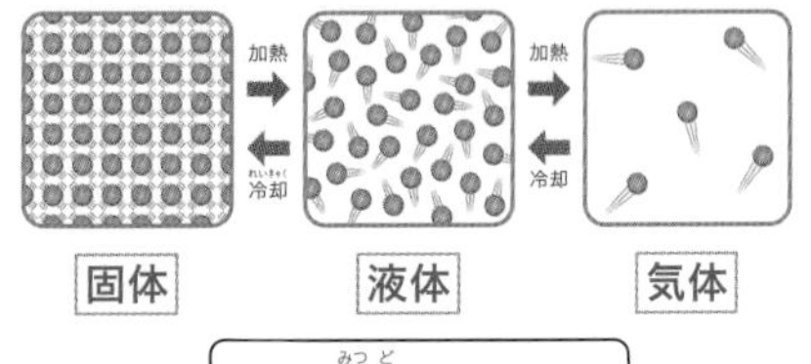

固体・液体・気体

▶物質の状態をモデルで考えると，粒子がすきまなく規則正しく並んでいるのが 固体 で，粒子が比較的自由に動けるのが 液体 ，粒子間の距離が非常に大きく，粒子が自由に動くのが 気体 。

沸点

▶液体が沸騰して 気体 に変化するときの温度。

▶純粋な物質が沸騰している間は，加熱し続けても，温度は 一定 である。

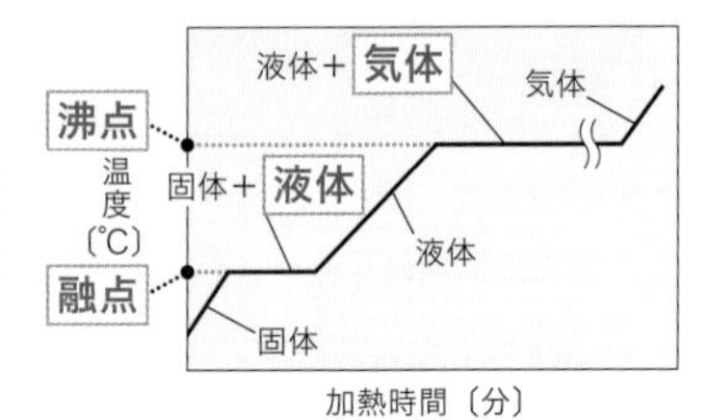

□□ 融点（ゆうてん）

▶固体がとけて **液体** に変化するときの温度。
▶純粋な物質がとけている間は，加熱し続けても，温度は **一定** である。

沸点や融点は物質の種類によって決まっているよ。

□□ 蒸留（じょうりゅう）

▶液体を加熱して **沸騰** させ，出てくる **気体** を冷やして再び **液体** としてとり出す方法。

▶蒸留は，物質の **沸点** のちがいを利用して物質を分離（ぶんり）している。

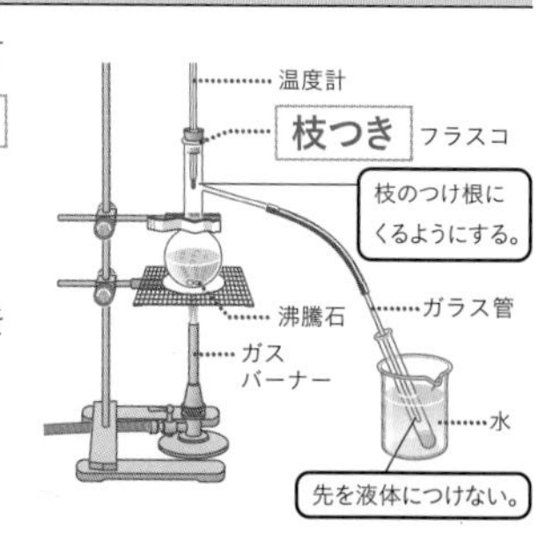

□□ 純粋な物質（純物質（じゅんぶっしつ））・混合物（こんごうぶつ）

▶酸素，水，塩化ナトリウム（食塩）のように **1** 種類の物質でできているものを純粋な物質という。
▶純粋な物質は，加熱を続けると，状態変化している間は，温度が **一定** で変化しない。
▶混合物は，加熱を続けて状態変化している間も，温度は少しずつ **変化** していく。

水とエタノールの混合物を加熱したときの温度変化

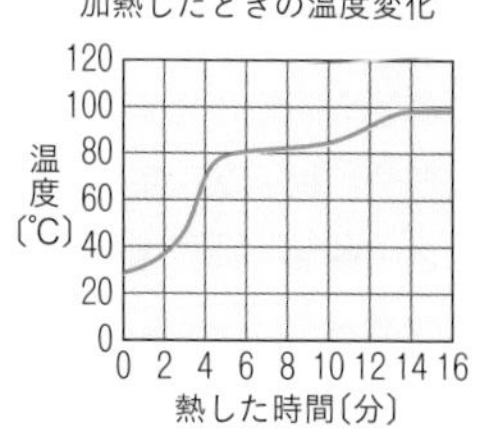

第1位 根・茎・葉のつくりとはたらき

□ 根毛

▶ 根の先端近くにある多数の毛のような根。

▶ 根毛があることで根の **表面積** が大きくなり，水や水にとけた肥料分を効率よく吸収できる。

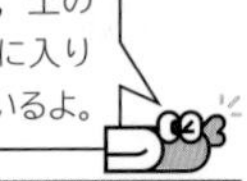

□ 道管

▶ 根から吸収した水や **水にとけた肥料分** などが通る管。

▶ 葉の断面では，葉の **表側** を通る。

□ 師管

▶ 光合成によって葉でつくられた **栄養分** が通る管。

▶ 葉の断面では，葉の **裏側** を通る。

（葉の表側）
表皮
道管
（葉の裏側）
師管
葉脈（維管束）

□ 維管束

▶ 道管や師管が集まって束になった部分。根・茎・葉とつながっている。

▶ 茎の断面では，道管が **内側** ，師管が **外側** を通る。

▶ 葉にある維管束を **葉脈** という。

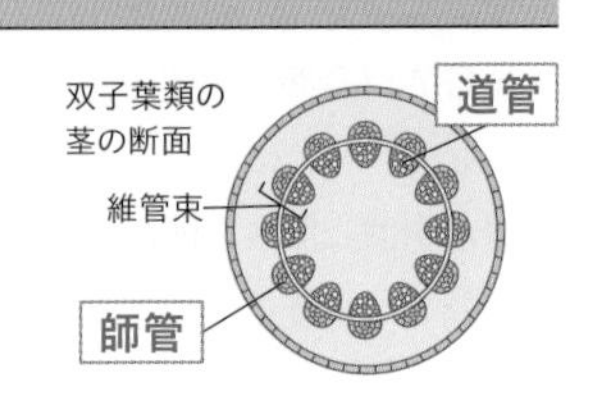

□□ 光合成

▶植物が 光 を受けて，デンプン などの栄養分をつくるはたらき。葉の緑色の部分にある 葉緑体 で行われる。

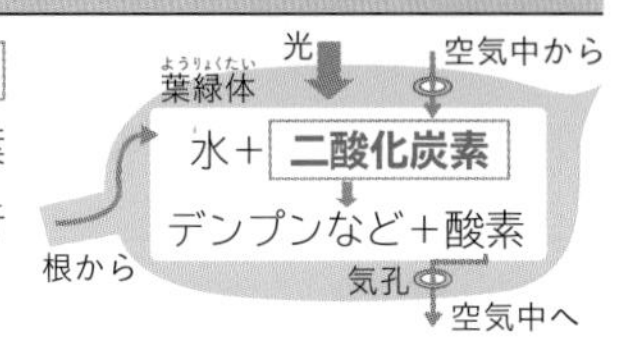

□□ 呼吸

▶植物が 酸素 をとり入れ，二酸化炭素 を出すはたらき。

▶呼吸と光合成…呼吸は１日中行うが，昼は光合成をさかんに行うため，全体では 酸素 の放出が上回り目立たない。

見かけ上，植物は昼には酸素だけを放出しているように見えるよ。

□□ 蒸散

▶根から吸い上げられた水が，水蒸気 となって出ていくこと。

▶役割　①根から水を吸い上げるはたらきがさかんになる。

　　　　②根から吸収した水や肥料分がからだ全体にいきわたる。

□□ 気孔

▶葉の表皮にある気体の出入り口。三日月形の 孔辺細胞 に囲まれたすきま。

▶光合成や呼吸で，酸素や二酸化炭素が出入りし，蒸散で水蒸気が出る。

▶ふつう，葉の 裏側 に多い。

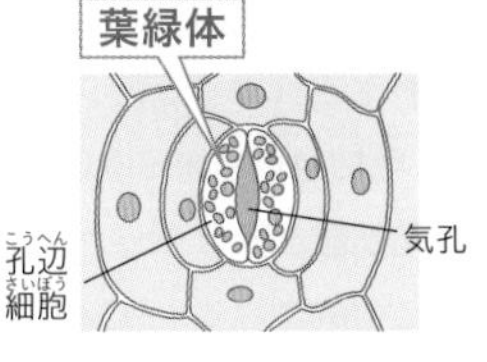

消化・呼吸・排出

□□ 消化

消化液は，だ液，胃液，すい液などの食物を分解する液だよ。

▶口や **消化液** などのはたらきで，食物の栄養分を吸収されやすい形に変えること。

□□ 消化管

▶食物の通り道。

▶口→食道→ **胃** →小腸→ **大腸** →肛門までの，ひとつながりの管。

□□ 消化酵素

▶消化液にふくまれ，栄養分を分解する物質。

▶だ液中のアミラーゼは **デンプン** を分解し，
胃液中のペプシンは **タンパク質** を分解する。

▶最終的に，デンプンは **ブドウ糖** ，タンパク質は **アミノ酸** ，
脂肪は脂肪酸と **モノグリセリド** に分解される。

□□ 柔毛

▶小腸の内側の壁の表面にある突起。栄養分を吸収する。

▶消化されてできたブドウ糖，アミノ酸は **毛細血管** から吸収される。

▶脂肪酸とモノグリセリドは再び **脂肪** に合成されて **リンパ管** から吸収される。

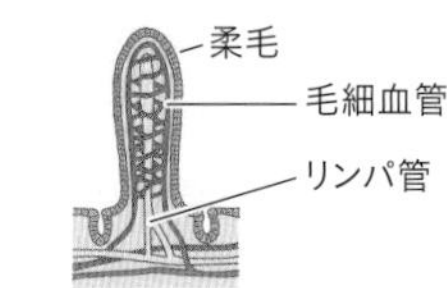

□□ 肺(はい)(による)呼吸(こきゅう)

▶肺で，空気中の **酸素** を血液中にとりこみ，血液中から **二酸化炭素** を放出して体外に出すこと。

□□ 肺胞(はいほう)

▶肺で，枝分かれした **気管支** の先にある小さな袋(ふくろ)。まわりを **毛細血管** がとり囲んでいる。

肺胞があることで，肺の表面積が大きくなり，気体の交換が効率よくできるよ。

□□ 細胞(さいぼう)(による)呼吸

▶細胞が，酸素を使って栄養分からエネルギーをとり出し，二酸化炭素を放出すること。

▶ 栄養分 ＋ **酸素** →(細胞)→ **二酸化炭素** ＋ 水
（**エネルギー** をとり出す）

□□ 排出

▶細胞でできた不要な物質を体外に出すこと。

▶肝臓(かんぞう)のはたらき　有害なアンモニアを **尿素** に変える。

▶じん臓のはたらき　尿素(にょうそ)などの不要な物質を血液からこし出し，**尿** をつくる。
→血液中の **塩分** や水分の量と割合を一定に保つ。

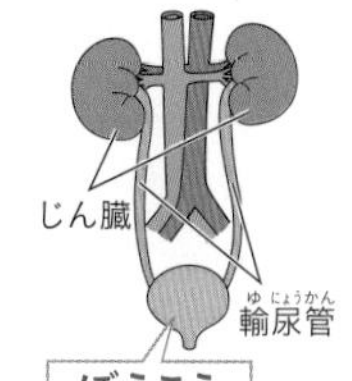

生物の成長と生殖

細胞分裂

▶ 1つの細胞が2つに分かれること。

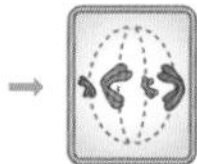
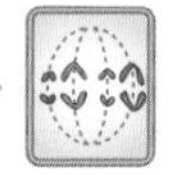

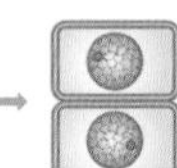

分裂前の細胞。染色体が複製される。 → 核の中に **染色体** が現れる。 → 染色体が中央に集まる。 → 染色体が2分して両端に移動する。 → 細胞質が2つに分かれ始める。 → 核の形が現れて2つの細胞になる。

▶ 多細胞生物は，細胞分裂によって細胞の **数** がふえること，ふえた細胞が **大きくなる** こと，で成長する。

▶ 植物の茎や根の **先端** 近くの細胞分裂がさかんな部分を **成長点** という。

無性生殖

▶ 親のからだの一部が分かれて子になるふえ方。親と全く **同じ** 形質をもつ。
〈例〉アメーバの分裂，植物の **栄養生殖** など。

▶ 栄養生殖…植物のからだの一部から新しい個体ができること。

生物が子をつくることを生殖というよ。

▶ 両親の生殖細胞が受精して子をつくるふえ方を **有性生殖** という。親とはちがう形質も現れる。

□□ 生殖細胞

▶ 生殖のためにつくられる特別な細胞。
▶ 動物の場合は，**卵** と精子。植物の場合は，卵細胞と **精細胞** 。

□□ 体細胞

▶ 多細胞生物のからだをつくる細胞。生殖細胞以外の細胞のこと。
▶ 体細胞で起こる細胞分裂を **体細胞分裂** といい，分裂の前後で染色体の数は **変わらない** 。

□□ 受精

▶ 卵（卵細胞）と精子（精細胞）の **核** が合体すること。合体してできた卵を **受精卵** という。

□□ 発生

▶ **受精卵** が成長して生物のからだができていく過程。
▶ 1つの細胞の受精卵が体細胞分裂をくり返して **胚** になり，個体としてのからだができていく。

□□ 花粉管

▶ 被子植物で，受粉後，花粉から **胚珠** に向かってのびる管。
▶ 花粉管の中を **精細胞** が移動し，胚珠の中の **卵細胞** と受精する。

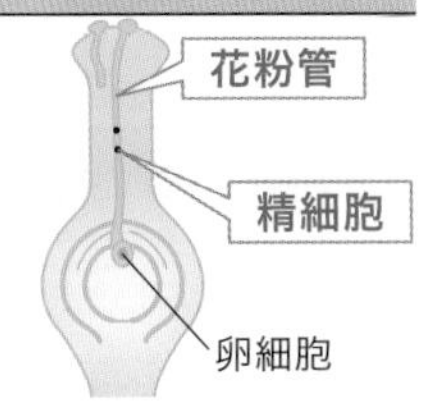

第4位 植物の分類

□□ 種子植物

▶種子でふえる植物。被子植物と **裸子植物** がある。

□□ 被子植物

▶胚珠が **子房** の中にある植物。

▶単子葉類と **双子葉類** に分けられる。

□□ 柱頭

▶ **めしべ** の先端部分。めしべのもとのふくらんだ部分を **子房** という。

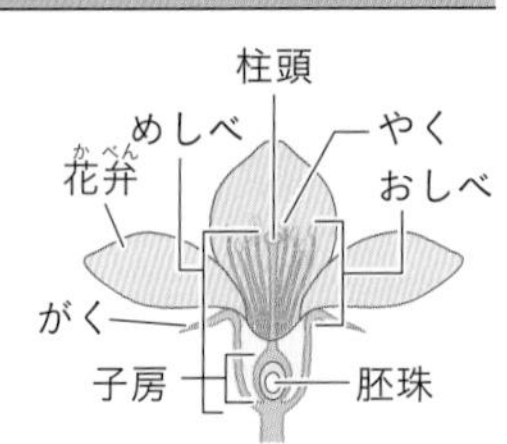

□□ 受粉

▶めしべの **柱頭** におしべの花粉がつくこと。

▶受粉すると，子房 → **果実** になる。
胚珠 → **種子** になる。

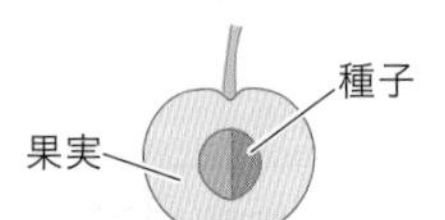

□□ 合弁花（類）と離弁花（類）

▶花弁がくっついている花を **合弁花** という。〈例〉アサガオ，ツツジなど

▶花弁が１枚１枚離れている花を **離弁花** という。〈例〉サクラ，アブラナなど

裸子植物

▶ 胚珠 がむき出しになっている植物。雄花と雌花がある。〈例〉マツなど
▶ 花には，花弁 やがくはない。

単子葉類

▶ 子葉が 1 枚の被子植物のなかま。

双子葉類

▶ 子葉が 2 枚の被子植物のなかま。

	葉脈	維管束	根
単子葉類	平行脈	散らばっている	ひげ根
双子葉類	網状脈	輪のように配置	主根と側根

シダ植物

▶ 種子をつくらないで，胞子 でふえる植物。
▶ 根・茎・葉の区別が ある 。維管束が ある 。

コケ植物

▶ 種子をつくらないで，胞子でふえる植物。
▶ 根・茎・葉の区別が ない 。維管束が ない 。

コケ植物には，雄株と雌株が見られるよ。

胞子のう

▶ シダ植物やコケ植物で，胞子 が入っている部分。
▶ コケ植物では，雌株 にできる。

生物と環境（かんきょう）

□□ 生態系（せいたいけい）

▶ある場所に生息する生物と **環境** を，ひとまとまりとしてとらえたもの。

□□ 食物連鎖（しょくもつれんさ）

▶生物どうしの「**食べる・食べられる**」という関係のつながり。

□□ 食物網（しょくもつもう）

▶生物どうしの食べ物による関係が，**網** の目のようにつながっていること。

実際の生態系では，複数の生物が複雑に関係し合っているよ。

□□ 生産者（せいさんしゃ）

▶光合成（こうごうせい）で無機物（むきぶつ）から **有機物** をつくり出す生物。

▶植物，植物プランクトンなど。

□□ 消費者（しょうひしゃ）

▶植物やほかの動物を食べて，**有機物** をとり入れる生物。

▶動物，動物プランクトンなど。

食べる生物より食べられる生物の方が，数量が多い。

肉食動物

草食動物

植物

食物連鎖における生物の数量関係

分解者

分解者は，ほかの生物がつくり出した有機物から栄養分を得ることから消費者でもあるよ。

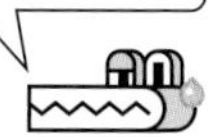

- 生物の死がいや排出物などの有機物を **無機物** に分解するはたらきにかかわる生物。
- 土の中の小動物（ダンゴムシ，ミミズ，シデムシなど），菌類・細菌類。

菌類

- カビや **キノコ** などのなかま。分解者である。
- 胞子でふえるものが多い。からだが菌糸からできている。

細菌類

- 乳酸菌や大腸菌などの **微生物** 。分解者である。
- 分裂によってふえる。

炭素の循環

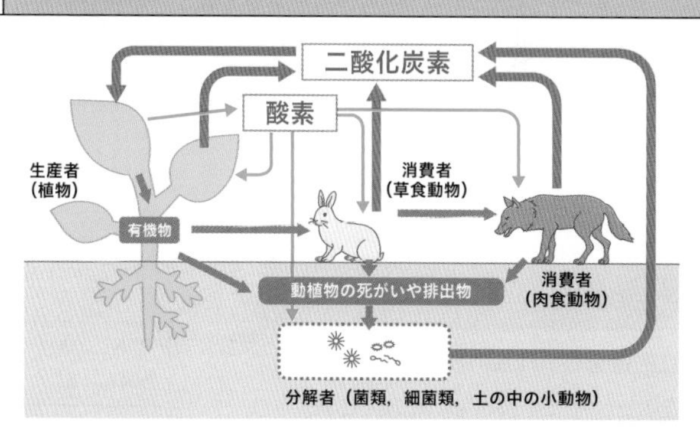

第6位 遺伝の規則性と遺伝子・進化

□□ 形質

- 生物のもつ形や性質の特徴。
- エンドウの種子の形の「丸形」「しわ形」のように，1つの個体に同時に現れない対をなす形質を **対立形質** という。

□□ 遺伝

- 親の形質が子や孫の代に伝わること。
- 細胞の核の **染色体** にある，生物の形質を伝えるものを **遺伝子** という。

□□ 純系

- 親，子，孫と代を重ねても，形質が変わらず **親** と同じであるもの。

□□ 顕性形質

- 対立形質をもつ **純系** の親どうしをかけ合わせたとき，子に現れる方の形質。

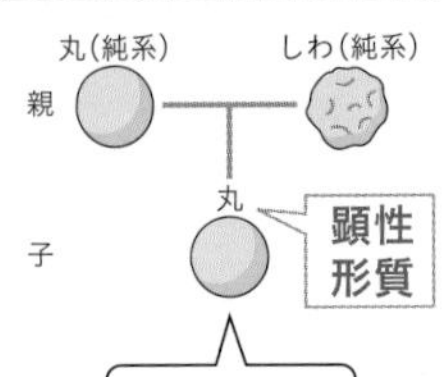

□□ 潜性形質

- 対立形質をもつ純系の親どうしをかけ合わせたとき，子に **現れない** 方の形質。

□□ 減数分裂

▶ 分裂後の細胞の染色体の数が **半分** になる細胞分裂。

▶ 生殖細胞がつくられるときに行われる。受精により，両親の遺伝子を半分ずつ受けついだ **受精卵** ができる。

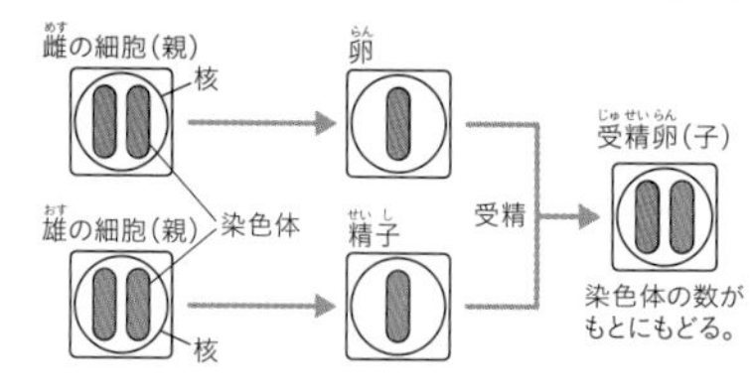

□□ 分離の法則

▶ 対になっている遺伝子が，別々の **生殖細胞** に入ること。

□□ DNA

▶ 染色体にふくまれる遺伝子の本体である物質。**デオキシリボ核酸** の英語名の略称。

□□ クローン

▶ すべて同じ **遺伝子** をもち，全く同じ形質の個体の集団。

□□ 進化

▶ 生物の特徴が，長い年月の中で世代を重ねる間に変化していくこと。

▶ **相同器官** …形やはたらきがちがっても，もとは同じであったと考えられる器官。

相同器官は，進化の証拠の1つとして考えられるよ。

動物の分類（ぶんるい）

□□ 脊椎動物（せきついどうぶつ）

▶ **背骨** がある動物。

▶ **魚** 類，**両生** 類，**は虫** 類，**鳥** 類，**哺乳** 類に分けられる。

▶ 背骨がない動物を **無脊椎** 動物という。

□□ 卵生（らんせい）

▶ 親が卵（らん）を産み，**卵** から子がかえるなかまのふやし方。

▶ 魚類（ぎょるい），**両生** 類，は虫類，鳥類（ちょうるい）のなかまのふやし方。

□□ 胎生（たいせい）

▶ 母親の体内で，ある程度育ってから生まれるなかまのふやし方。

▶ **哺乳** 類のなかまのふやし方。

□□ 草食動物（そうしょくどうぶつ）

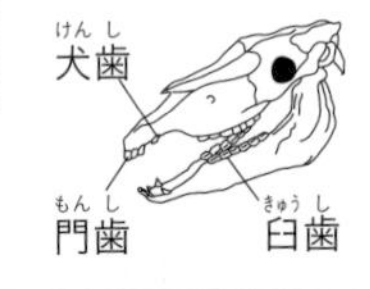

▶ 植物を食べる動物。〈例〉シマウマ，キリンなど。

▶ 門歯と植物をすりつぶす **臼歯** が発達している。

□□ 肉食動物（にくしょくどうぶつ）

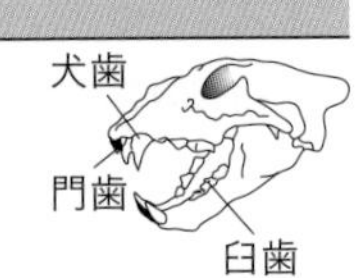

▶ ほかの動物を食べる動物。
〈例〉ライオン，チーターなど。

▶ 獲物（えもの）をとらえる **犬歯** が発達している。

□□ 節足動物

▶ からだが 外骨格 でおおわれ，からだやあしに 節 がある無脊椎動物。

□□ 外骨格

▶ 節足 動物のからだの外側をおおう，かたい殻。

□□ 昆虫類

▶ 節足動物のうち，バッタやチョウなどのなかま。

▶ からだが頭部，胸部，腹部 の3つの部分からなり，胸部に6本のあしがある。

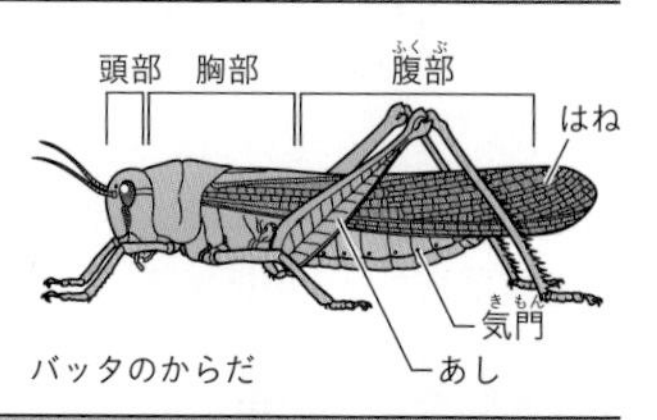

バッタのからだ

□□ 甲殻類

▶ 節足動物 のうち，エビ，カニ，ミジンコなどのなかま。

□□ 軟体動物

▶ 無脊椎動物で，イカやタコ，貝などのなかま。

▶ 内臓を包む膜を 外とう膜 という。

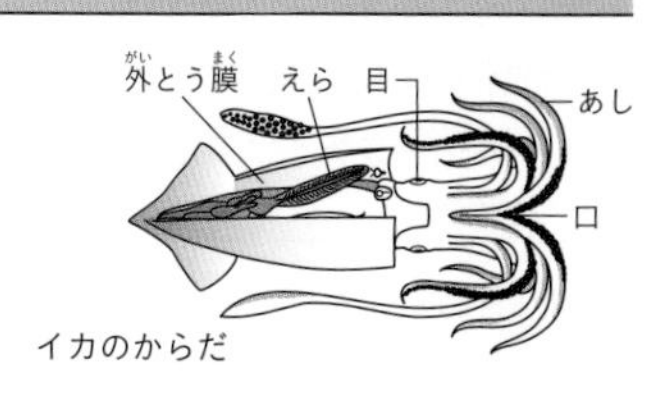

イカのからだ

骨格（こっかく）・筋肉（きんにく）・神経系（しんけいけい）

□□ 感覚器官（かんかくきかん）

▶外界からの刺激（しげき）を受けとる器官（きかん）。

感覚器官は，刺激を受けとりやすいつくりになっているよ。

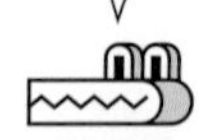

感覚器官	感覚	受けとる刺激
目	**視覚**	光
耳	聴覚（ちょうかく）	**音**
鼻	嗅覚（きゅうかく）	におい
舌	**味覚**	味
皮膚	触覚（しょっかく）	圧力（あつりょく），あたたかさなど

□□ 感覚神経（かんかくしんけい）

▶感覚器官から **中枢神経** へ刺激の信号を伝える神経。

□□ 運動神経（うんどうしんけい）

▶中枢神経（ちゅうすうしんけい）からの命令の信号を **運動器官** に伝える神経。

□□ 中枢神経

▶脳（のう）と **脊髄** からなる神経。
判断や命令などを行う。

脊髄（せきずい）は，背骨で守られているよ。

□□ 末（まっ）しょう神経（しんけい）

▶中枢神経から枝分かれし，感覚神経や **運動神経** などからなる神経。

意識して起こす反応

▶ 刺激に対して **脳** が命令を出す反応。

▶ 刺激→感覚器官→感覚神経→ **脊髄** →脳→脊髄→運動神経→ **運動器官** →反応

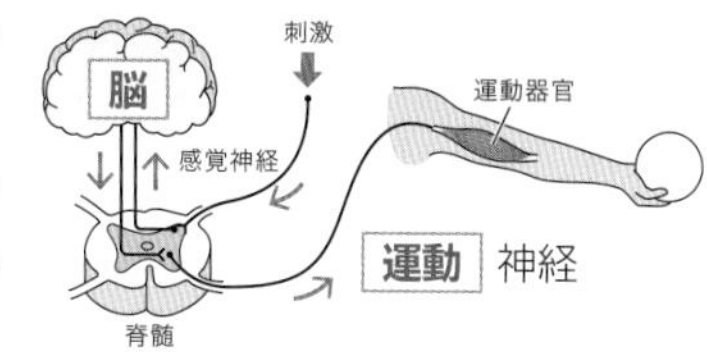

反射（はんしゃ）

▶ 刺激に対して，**無意識** に起こる反応。

▶ 刺激→感覚器官→ **感覚神経** → **脊髄** →運動神経→運動器官→反応

▶ 反応に要する時間が **短い** 。危険からからだを守るのに役立つ。

内骨格（ないこっかく）

▶ ヒトや鳥のように，からだの内部にある骨格（こっかく）。

▶ 骨格は，いろいろな骨が組み合わさったり，**関節** でつながったりして，からだを支える。

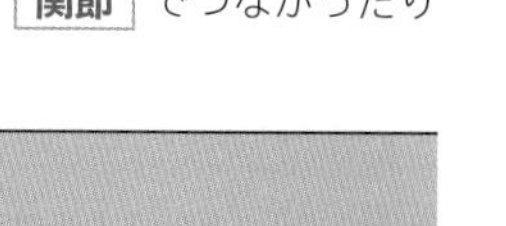

からだが動くしくみ

▶ 関節をはさんで骨についている **筋肉** が縮んだり，ゆるんだりすることで動く。

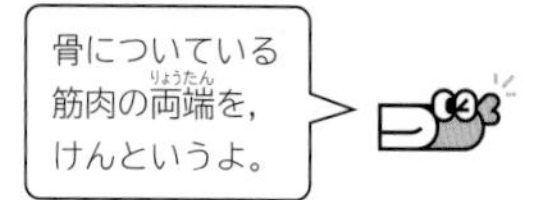

第1位 地球の運動と太陽・星の動き

□ 自転（じてん）

▶ 地球や太陽，月などが，軸（じく）を中心に 回転 すること。

□ 日周運動（にっしゅううんどう）

▶ 天体が1日に1回， 東 から 西 へ地球のまわりを回転するように見えること。地球が1日に1回，西から東へ 自転 することによって起こる。

▶ 星座の星や太陽は，1時間に約 15° 動いて見える。

□ 南中（なんちゅう）

▶ 太陽などの天体が， 真南 の空で最も高度が高くなること。
天体が，天頂（てんちょう）の南側で 子午線 を通過すること。

□ 南中高度（なんちゅうこうど）

▶ 天体が 南中 したときの高度。

□ 公転（こうてん）

▶ 天体が，ほかの 天体 のまわりを回転すること。

□ 年周運動（ねんしゅううんどう）

▶ 地球が 公転 することによって起こる，天体の1年周期の見かけの動き。

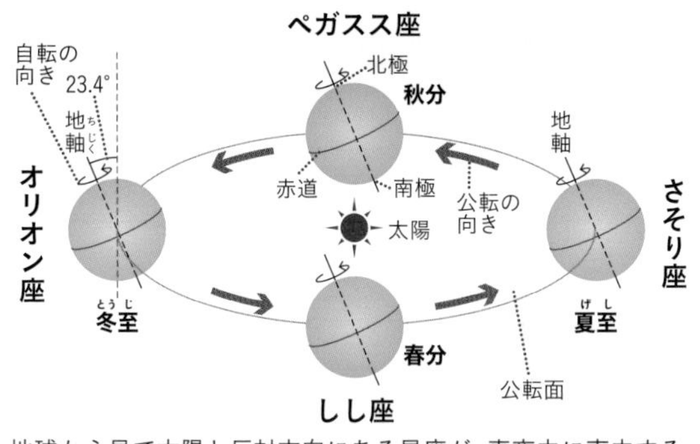

地球から見て太陽と反対方向にある星座が，真夜中に南中する。

▶同じ時刻に見える星座の位置は，1か月に西へ約 **30°** 動き，1年でもとの位置にもどる。

□□ 黄道

▶天球上の **太陽** の通り道。

▶地球が公転することによって，太陽は星座の星の中を **1** 年で1周するように見える。

□□ 季節の変化

▶季節の変化は，地球が地軸を公転面に垂直な方向に対して約 **23.4°** 傾けたまま **公転** しているために生じる。

▶日本付近では，
昼の長さは **夏至** が最も長く，
太陽の南中高度は **夏至** が最も高い。

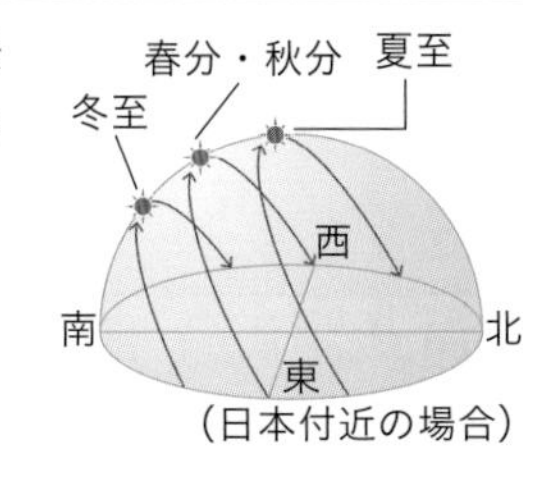

（日本付近の場合）

第2位 地層・堆積岩・化石

□□ 地層

▶れき，砂，泥，火山灰などが 層 となって積み重なったもの。

□□ 柱状図

▶地層の重なり方や層の特徴を 柱 状に表したもの。

□□ 鍵層

▶離れた地層を比較する 目印 となる層。火山灰の層など。

□□ 堆積岩

▶海底や湖底などに堆積したれき・砂・泥などが長い間に 押し 固められてできたかたい岩石。 化石 をふくむことがある。

□□ れき岩と砂岩と泥岩

▶おもにれきが押し固まりできた岩石（粒は直径2 mm以上）が れき 岩，おもに砂が押し固まりできた岩石（粒は直径$\frac{1}{16}$～2 mm未満）が 砂 岩，おもに泥が押し固まりできた岩石（粒は直径$\frac{1}{16}$ mm未満）が 泥 岩。

□□ 凝灰岩

▶火山灰などが固まってできた岩石。粒は 角ばって いる。

石灰岩とチャート

▶ 炭酸カルシウムの殻をもつ生物の死がいなどが固まってできた岩石で，うすい塩酸をかけると二酸化炭素が発生する岩石を **石灰** 岩という。

▶ 二酸化ケイ素の殻をもつ生物の死がいが固まってできた岩石で，うすい塩酸をかけても二酸化炭素が発生しない岩石を **チャート** という。

示相化石

▶ 地層が堆積した当時の **環境** を知る手がかりになる化石。

・サンゴ…暖かくて，**浅い** 海。

・アサリ・ハマグリ…岸に近い **浅い** 海。

・シジミ…淡水と海水の混じる **河口** 付近や湖。

・ブナ・シイ…温帯で，やや **寒冷** な地域の陸地。

示準化石

▶ 地層が堆積した **時代** を知る手がかりになる化石。

・**古** 生代…サンヨウチュウ，フズリナ

・**中** 生代…アンモナイト，恐竜のなかま

・**新** 生代…ビカリア，ナウマンゾウ

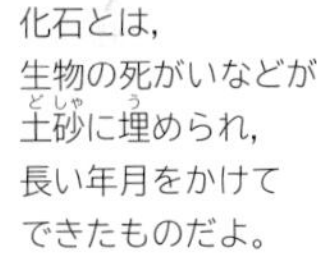

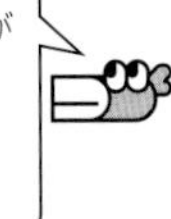

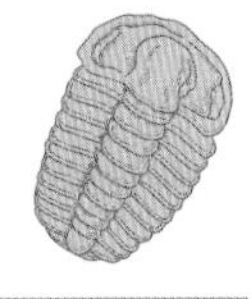

サンヨウチュウ

アンモナイト

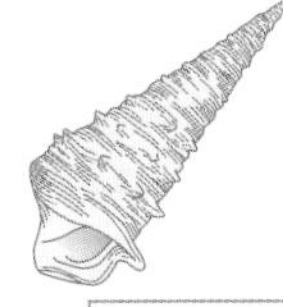

ビカリア

太陽・月・惑星（わくせい）

□□ 黒点（こくてん）

▶太陽の **表面** に見られる黒い点。黒く見えるのは，まわりより温度が **低い** ためである。
▶周辺部にいくほど黒点がゆがんで見えることから，太陽が **球形** であることがわかる。

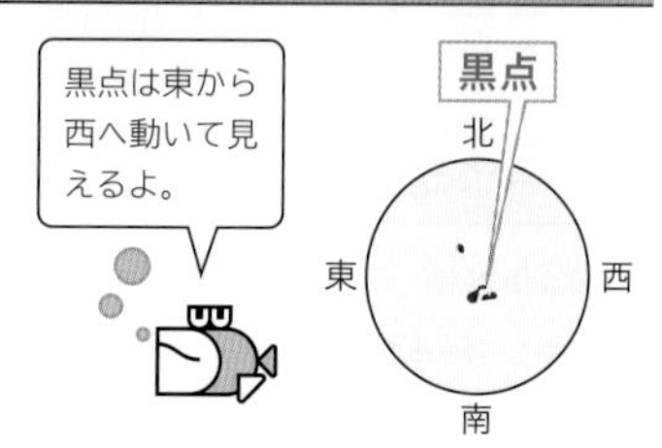

□□ 月

▶ **地球** のまわりを回る球形の天体（衛星）で，水も大気もない。**太陽** の光を反射して光っている。
▶月の表面に見られる大小の円形のくぼ地を **クレーター** という。

□□ 恒星（こうせい）

▶太陽のように，高温で自ら **光** を出している天体。

□□ 惑星

▶地球のように， **恒星** のまわりを公転（こうてん）している天体。
▶太陽系（たいようけい）には，太陽に近いものから順に，水星，金星，地球， **火星** ，木星， **土星** ，天王星（てんのうせい），海王星がある。水星，金星，地球，火星を **地球** 型惑星，木星，土星，天王星，海王星を **木星** 型惑星という。

月食(げっしょく)と日食(にっしょく)

▶太陽，地球，月の順に一直線上に並び，月が地球の影に入る現象を月食という。
▶太陽，月，地球の順に一直線上に並び，太陽が月にかくされる現象を日食という。

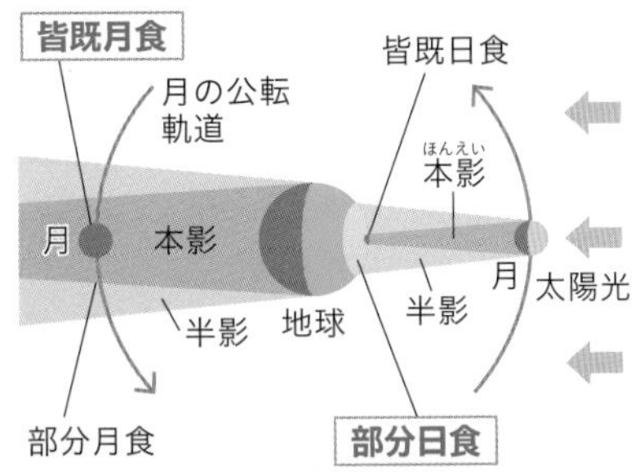

太陽系

▶太陽を中心とした惑星や衛星(えいせい)，すい星，小惑星などの天体の集まり。

よいの明星(みょうじょう)と明けの明星

▶夕方に西の空に見える金星をよいの明星，
明け方に東の空に見える金星を明けの明星という。

銀河系(ぎんがけい)

▶太陽系をふくむ，多くの恒星などの天体の集まり。
▶うずを巻いた円盤状の形をしている。
▶銀河系の直径は，約10万光年である。

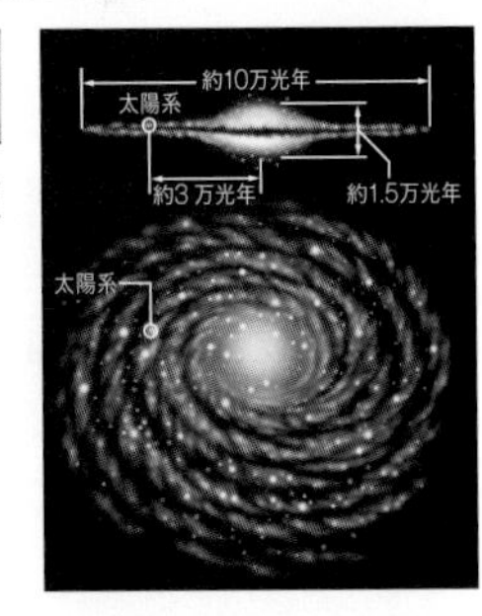

物理の用語
化学の用語
生物の用語
地学の用語

第4位 日本の気象と大気の動き

□□ 海風

▶晴れた日の昼に，海上より陸上の気温が高く，気圧が低くなり，上昇気流が生じることでふく，**海**から**陸**に向かう風。

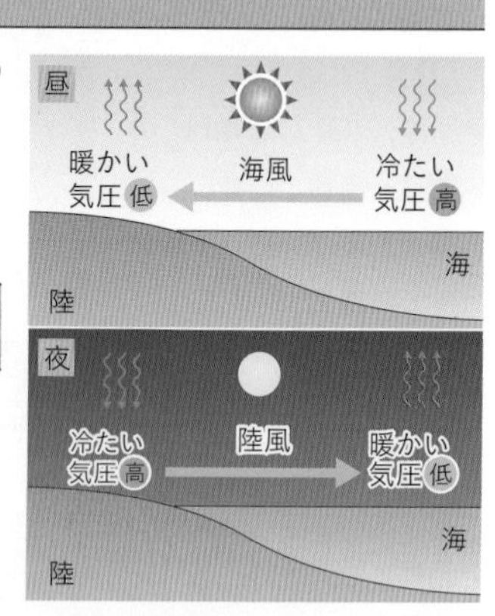

□□ 陸風

▶晴れた日の夜に，海上より陸上の気温が低く，気圧が高くなり，下降気流が生じることでふく，**陸**から**海**に向かう風。

□□ 季節風

▶季節に特徴的な風。
冬は**北西**の風，夏は**南東**の風がふく。

□□ 偏西風

▶中緯度帯の上空で，**西**から**東**へふいている風。
▶春と秋は，**偏西風**によって，低気圧や移動性高気圧が西から東へ交互に通過するため，天気も西から東へ周期的に変わることが多い。

□ 西高東低（冬の天気）

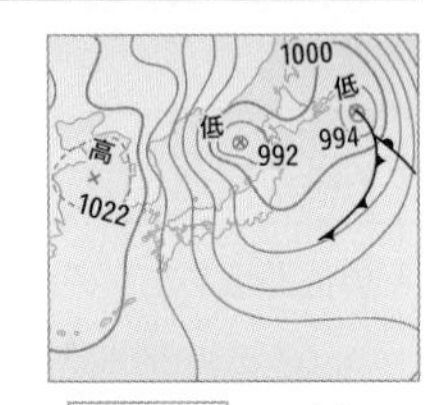

- 冬 の特徴的な気圧配置で，西に高気圧，東に低気圧ができる（ 西高東低 ）。
- 冷たく，乾燥した シベリア 気団が発達し，北西の季節風がふく。
- 等圧線が縦になっており，間隔がせまい。
- 日本海側ではくもりや雪，太平洋側では乾燥した 晴れた 日が多い。

□ 南高北低（夏の天気）

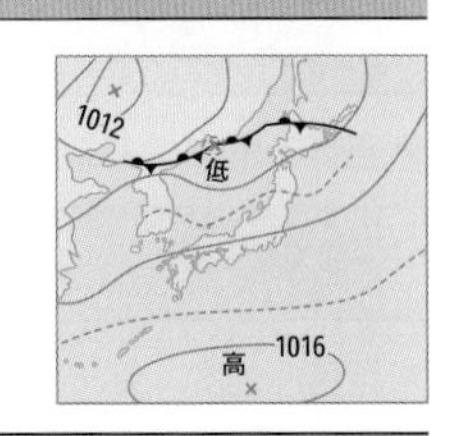

- 夏 の特徴的な気圧配置で，南に高気圧，北に低気圧ができる（ 南高北低 ）。
- 暖かく，しめった 小笠原 気団が発達し，南東の季節風がふく。
- 天気は， 蒸し暑い 日が多い。

□ つゆ（梅雨）

- 夏の前は，東西に長くのびた 停滞 前線（梅雨前線）ができるので，雨の日が多い。
- 冷たくしめった オホーツク海気団 が発達して， 小笠原気団 の勢力と同じくらいになり，日本付近でぶつかりあう。

□ 台風

- 熱帯地方の北太平洋上で発生した 熱帯低気圧 が発達して，最大風速が約 17.2 m/s をこえたもの。

気象観測・天気の変化

圧力

▶単位面積あたりの面を垂直に押す **力** の大きさのこと。

$$\text{圧力〔Pa〕} = \frac{\text{力の大きさ〔N〕}}{\text{力がはたらく 面積 〔m}^2\text{〕}}$$

大気圧（気圧）

▶空気の重さによる **圧力** のこと。上空にいくほど **小さく** なる。

気象要素

▶気温，湿度，気圧，風向，風力，雲量などのこと。

▶雲量が 0～1 のとき快晴，2～8 のとき **晴れ** ，9～10 のときくもりである。

▶天気，風力，風向は，右図のような記号で表すことができる。

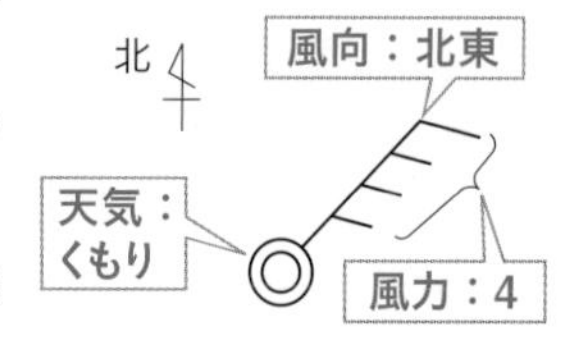

高気圧

▶まわりより気圧が **高い** ところ。

▶中心付近では，一般に天気が **よい** 。

風は，気圧が高いところから低いところへふくよ。

□□ 低気圧（ていきあつ）

- まわりより気圧が **低い** ところ。
- 中心付近では，一般に天気が **悪い** 。

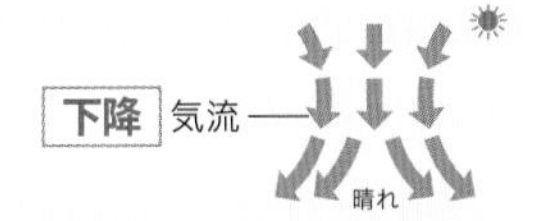

地表付近では
風は **時計** 回り
にふきだす

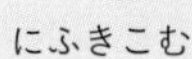

▲高気圧（北半球）

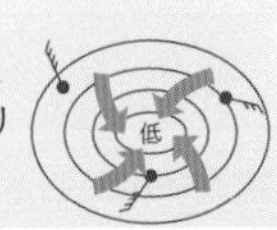

地表付近では
風は **反時計** 回り
にふきこむ

▲低気圧（北半球）

□□ 温暖前線（おんだんぜんせん）

- **暖気** が **寒気** の上にはい上がるように進む前線。
- **長** 時間，広い範囲（はんい）におだやかな雨が降る。
  通過後は，風向は南寄りに変化し，気温が **上がる** 。

□□ 寒冷前線（かんれいぜんせん）

- **寒気** が **暖気** を押（お）し上げながら進む前線。
- **短** 時間，せまい範囲に強い雨が降る。
  通過後は，風向は **北** 寄りに変化し，気温が下がる。

□□ 温帯低気圧（おんたいていきあつ）

- 日本などの **中緯度** 帯で発生する低気圧。寒気（かんき）と暖気（だんき）の境界にできる。
- 北半球では，西側に **寒冷** 前線，東側に **温暖** 前線をともなう。

第6位 空気中の水蒸気の変化

□□ 飽和水蒸気量(ほうわすいじょうきりょう)

▶空気 1 m^3 中にふくむことができる 最大 の水蒸気量。

▶空気の温度が高いほど 大きい 。

□□ 露点(ろてん)

▶空気がふくむ水蒸気量が飽和水蒸気量と 同じ ときの空気の温度。

▶露点が高いほど，空気中の水蒸気量は 大きい 。

▶空気がふくむ水蒸気量が一定で，空気の温度を下げていったとき

①温度が下がるほど飽和水蒸気量が小さくなるので，追加で空気中にふくむことができる水蒸気量が 少なく なっていく。

②露点より温度が 低く なると，ふくみきれなくなった水蒸気が 水滴 となって出てくる（ 凝結 ）。

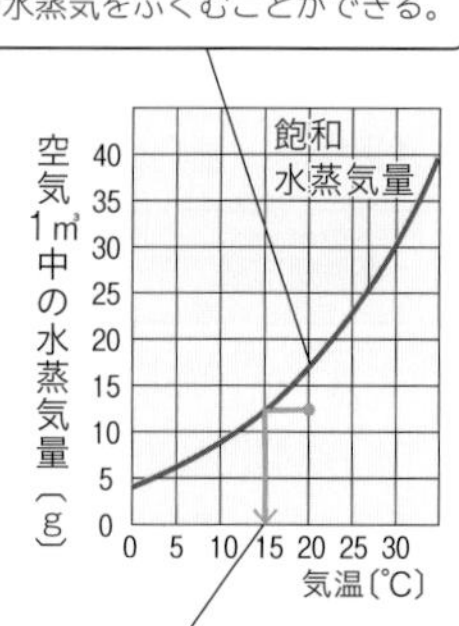

□□ 湿度（しつど）

▶ 空気のしめりけの度合いを **百分率** で表したもの。

▶ 湿度〔%〕＝ 空気 1 m³ 中にふくむ水蒸気量〔g/m³〕 ÷ その温度での **飽和水蒸気量** 〔g/m³〕 ×100

$$湿度〔\%〕=\frac{空気\ 1\ m^3\ 中にふくむ水蒸気量〔g/m^3〕}{その温度での飽和水蒸気量〔g/m^3〕}\times 100$$

□□ 上昇気流（じょうしょうきりゅう）と下降気流（かこうきりゅう）

▶ **上昇** する空気の流れのことを上昇気流という。雲が発生しやすい。
▶ **下降** する空気の流れのことを下降気流という。

下降気流がある場所では，
天気がよいことが多いよ。

□□ 霧（きり）

▶ 細かい水滴が空気中に浮（う）かぶ現象。 **地表** 付近の空気が冷やされたときに，空気中の水蒸気が水滴になることで発生する。

□□ 雲

▶ 上空に浮かんだ細かい水滴や氷の粒（つぶ）の集まり。
▶ 空気が上昇して膨張（ぼうちょう）し，温度が **下がる** と，ふくまれる水蒸気の一部が水滴や氷の粒になって発生する。

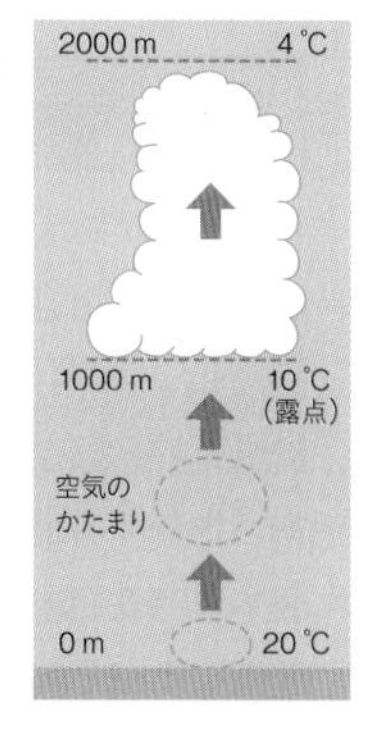

□□ 降水

▶ 小さな水滴や氷の粒が大きく成長して降ってくる， **雨** や雪などのこと。

第7位 地震と大地の変形

□□ 震源（しんげん）

▶地下で地震が **発生** した場所。地表の真上の地点を **震央** という。

□□ 初期微動（しょきびどう）

▶地震ではじめにくる **小さな** ゆれ。
P 波が到達（とうたつ）すると起こる。

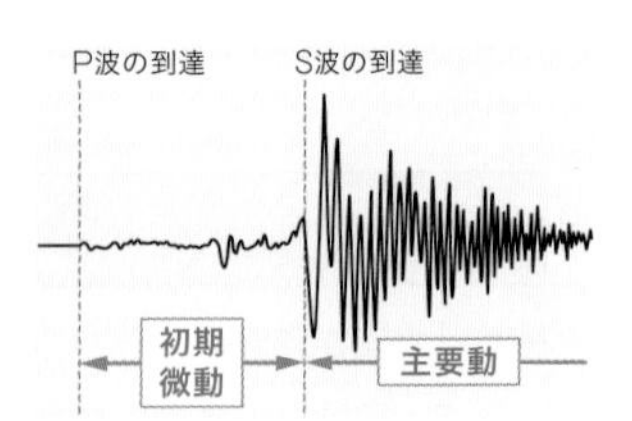

□□ 主要動（しゅようどう）

▶地震で後からくる **大きな** ゆれ。
S 波が到達すると起こる。

□□ 初期微動継続時間（しょきびどうけいぞくじかん）

▶初期微動が始まってから **主要動** が始まるまでの時間。
▶震源からの距離（きょり）が遠くなるほど，**長く** なる。

□□ 震度（しんど）

▶ある地点での地震の **ゆれ** の大きさを表す。**10** 階級で表される。測定する場所によって震度は **ちがう** 。

0～7まであり，
5と6は強，弱に分
かれているんだ。

□□ マグニチュード

▶地震そのものの **規模** の大小を表す。
地震の **エネルギー** が大きいとマグニチュードも大きい。

□□ プレート

▶地球の **表面** をおおう，厚さ 100 km ほどの岩石のかたまり。

▶日本列島の下では，**海洋** プレートが，**大陸** プレートの下に沈(しず)みこんでいる。プレートの境界で地震が起こる。

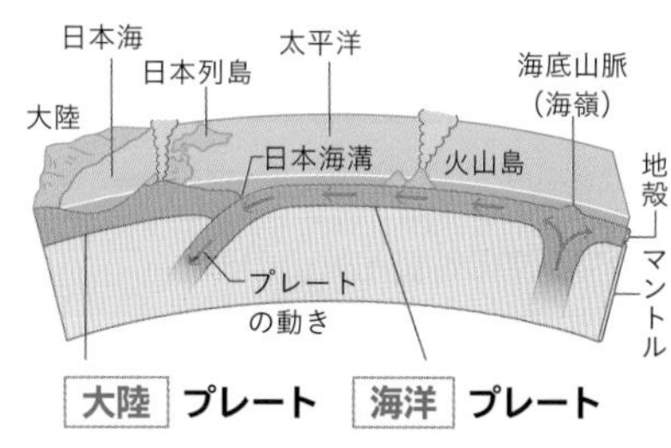

□□ 断層(だんそう)

▶岩石が破壊(はかい)されてできる地層や岩石の **ずれ** 。過去もくり返し動き，今後も活動する可能性がある断層を **活断層** という。

□□ 隆起(りゅうき)と沈降(ちんこう)

▶大地が地震などによりもち上がるのが **隆起** 。沈(しず)むのが **沈降** 。

□□ 津波(つなみ)

▶海底で地震が起きたとき，地形の急激な変化が起こす **波** 。

第8位

火山・火成岩

□□ マグマ

▶地球内部の 熱 によって，地下の岩石がとけたもの。

□□ 火山噴出物

▶溶岩，火山灰，火山れき，火山弾，軽石，火山ガスなどの総称。

□□ マグマの性質と火山の形

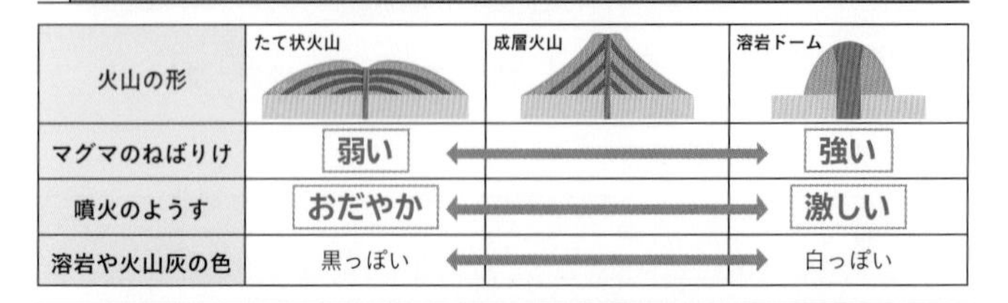

	たて状火山	成層火山	溶岩ドーム
火山の形			
マグマのねばりけ	弱い	⟷	強い
噴火のようす	おだやか	⟷	激しい
溶岩や火山灰の色	黒っぽい	⟷	白っぽい

□□ 火成岩

▶マグマが 冷え 固まった岩石。

	黒っぽい	⟷	白っぽい
火山岩	玄武岩	安山岩	流紋岩
深成岩	斑れい岩	せん緑岩	花こう岩

□□ 火山岩

▶火成岩のうち，マグマが地表や地表付近で 急に 冷え固まってできる岩石。〈例〉玄武岩，安山岩，流紋岩

深成岩

▶火成岩のうち，マグマが地下深くで **ゆっくり** 冷え固まってできる岩石。〈例〉斑れい岩，せん緑岩，花こう岩

斑状組織（はんじょうそしき）

▶火山岩に見られるつくりで，マグマが急に冷え固まったため鉱物（こうぶつ）の結晶が大きく成長せず，**石基** の部分に **斑晶** が散らばったつくりをしている。

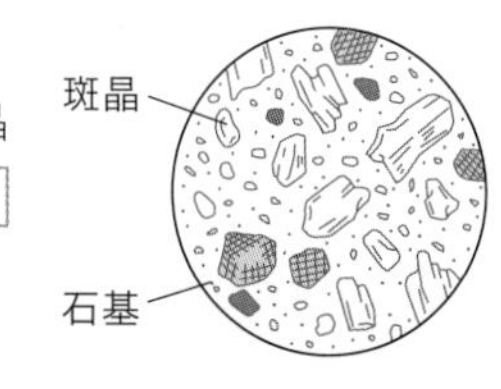

等粒状組織（とうりゅうじょうそしき）

▶深成岩に見られるつくりで，マグマがゆっくり冷え固まって結晶が成長したため，**同じくらい** の大きさの鉱物の結晶が組み合わさったつくりをしている。

鉱物

▶ **マグマ** が冷えてできる，一定の形や色などをした結晶のこと。

▶黒っぽい色をした鉱物を **有色鉱物** という。
〈例〉黒雲母（くろうんも），カクセン石，輝石（きせき），カンラン石

▶白っぽい色をした鉱物を **無色鉱物** という。
〈例〉石英（せきえい），長石（ちょうせき）

よく出る用語をチェック!

① 化学エネルギー	物質のもつエネルギー。
酸素	O_2
② 二酸化炭素	CO_2
銅	Cu
③ マグネシウム	Mg
電解質	水にとけると電流が流れる物質。
質量保存の法則	化学変化の前後で質量が変わらないという法則。
蒸留	液体を沸騰させ，出てくる気体を冷やして再び液体としてとり出す方法。
子房	めしべのふくらんだ部分。胚珠をおおう。
道管	水や水にとけた肥料分などが通る管。
葉緑体	葉の細胞の中にあり，光合成が行われる部分。
アミラーゼ	だ液中にふくまれ，デンプンを分解する。
示準化石	地層が堆積した時代の推定に役立つ化石。
露点	空気がふくむ水蒸気量が飽和水蒸気量と同じときの空気の温度。
偏西風	中緯度帯の上空で西から東へふく風。
衛星	月のように惑星のまわりを回る天体。
恒星	太陽のように高温で自ら光を出している天体。
日周運動	天体が１日１回，回転するように見えること。

漢字で正しく書けるか確認しておこう。

実験・観察

1 物理の実験・観察 …… 72
2 化学の実験・観察 …… 104
3 生物の実験・観察 …… 134
4 地学の実験・観察 …… 164

第1位 凸レンズによる像のでき方

例題 下のような光学装置を使って，凸レンズによってできる像について調べる。

凸レンズを動かしてスクリーンにはっきりした像ができるようにする。

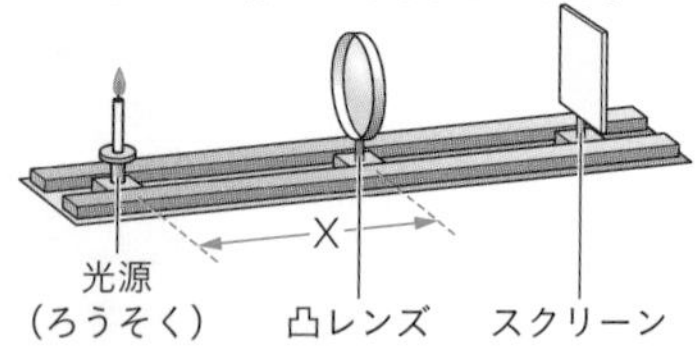

作図に使うおもな光線（光）は，凸レンズの

①光軸に 平行 な光線
②中心 を通る光線
③焦点 を通る光線

これが問われる!

Q1 右の光線①～③の凸レンズ通過後の進み方は？
①光軸に平行な光線… **焦点** を通る。
②中心を通る光線… **直進** する。
③焦点を通る光線… **光軸に平行** に進む。

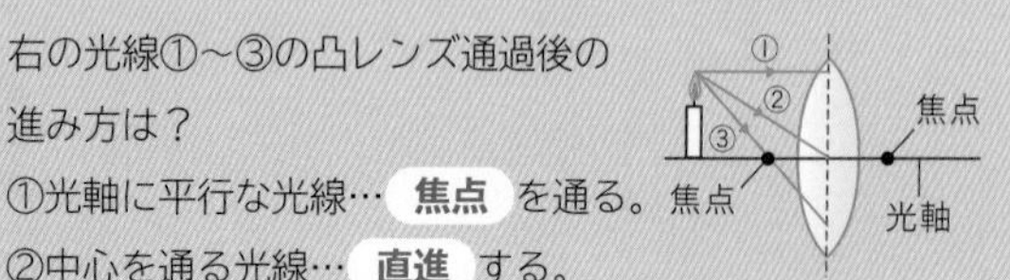

Q2 凸レンズを通して見えるが，スクリーンには映せない像は？　**虚像** ←虫眼鏡で見た像

Q3 スクリーンにできる像の大きさが，物体と同じ大きさになる距離Xは？　**焦点距離の2倍の距離**

これもチェック！

□1　スクリーンに光源の像が映ったとき，光源の先端から出た光の道すじは右図のようになる。

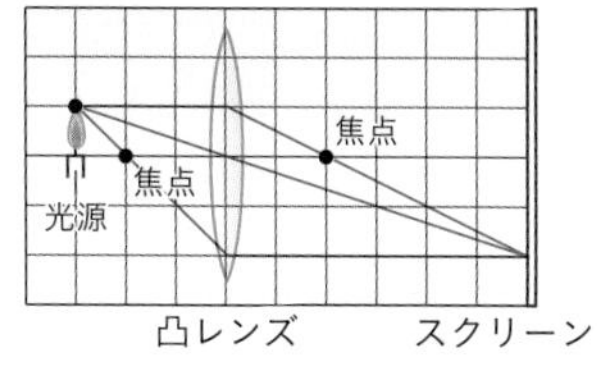

□2　光源が右図のような位置にあるとき，凸レンズを通して見ることができる像（虚像）のようすは右図のようになる。

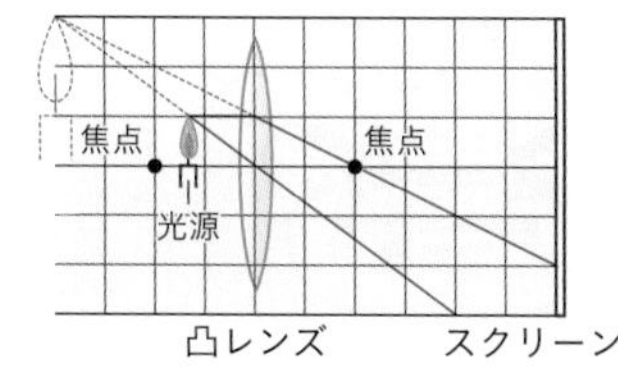

≫Q1　凸レンズを通る光線の進み方は右図のようになる！

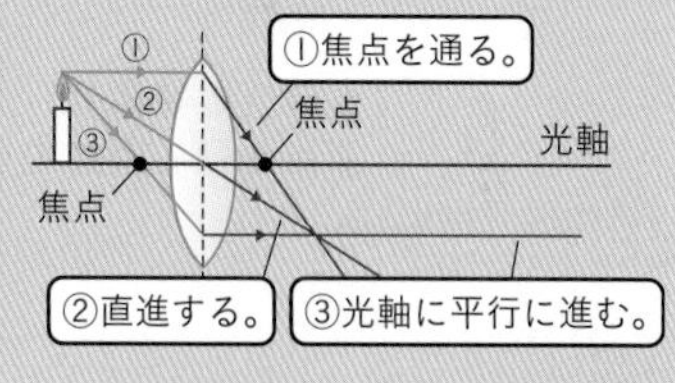

≫Q2　光が１点に集まらないため，虚像はスクリーンには映せない。

≫Q3　物体が焦点距離の２倍の距離にあるとき，物体と同じ大きさの実像ができる。

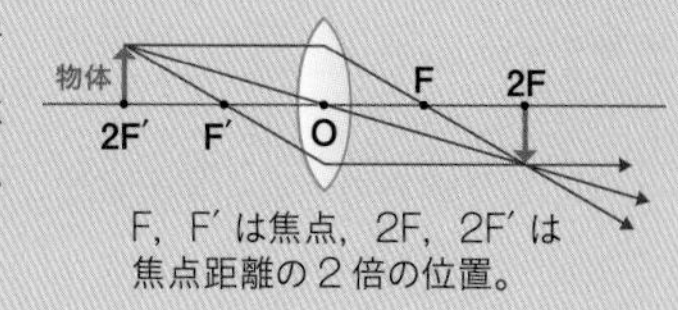

F，F′は焦点，2F，2F′は焦点距離の２倍の位置。

電流と電圧の関係

例題　下の装置で，電熱線A，Bについて加える電圧を変え，流れる電流を調べて電流と電圧の関係をグラフに表す。

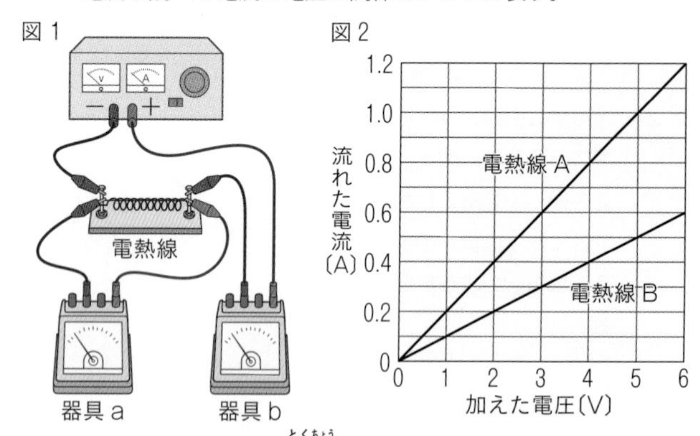

グラフの特徴は原点を通る直線のグラフ ➡ **電流と電圧は 比例 関係にある。**

これが問われる!

□ **Q1** 図2のグラフの傾きから，電熱線A，Bで，抵抗が大きいのはどちら？　**B**

□ **Q2** 図2のグラフより，電熱線Aの抵抗の大きさは何Ω？　**5** Ω

□ **Q3** 電熱線Aに7Vの電圧を加えたとき，流れる電流は何A？　**1.4** A

これもチェック！

☐1　図1の装置では，器具aは，はかろうとする部分に **並列** につないであるので **電圧** 計である。器具bは，はかろうとする部分に **直列** につないであるので，**電流** 計である。

☐2　電熱線Aの抵抗は5Ω，電熱線Bの抵抗は **10** Ωだから，電熱線AとBを直列につないだとき，回路（かいろ）全体の抵抗の大きさは **15** Ωである。

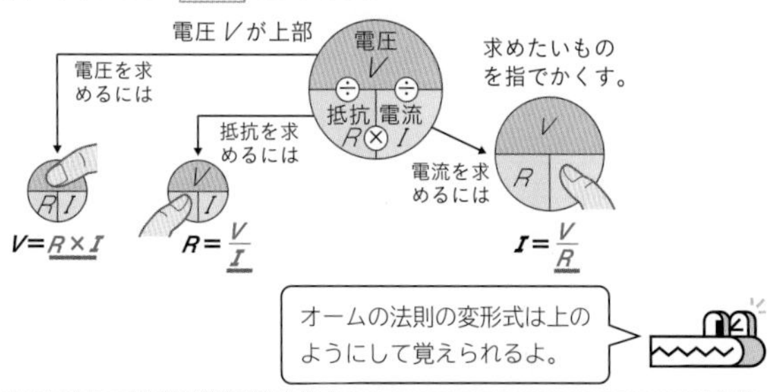

»Q1　電流は抵抗に反比例しているので，抵抗が大きいほどグラフの傾きが小さくなる。したがって，抵抗が大きいのはB。

»Q2　加えた電圧が2Vのとき，流れた電流は0.4Aなので，
2V÷0.4A＝5Ω

»Q3　電熱線Aの抵抗の大きさは，**Q2** より5Ωなので，
7V÷5Ω＝1.4A

出るランク

回路の電流・電圧を調べる

例題 図1，図2の回路で，抵抗器アに加える電圧と流れる電流を測定し，下の表を得た。

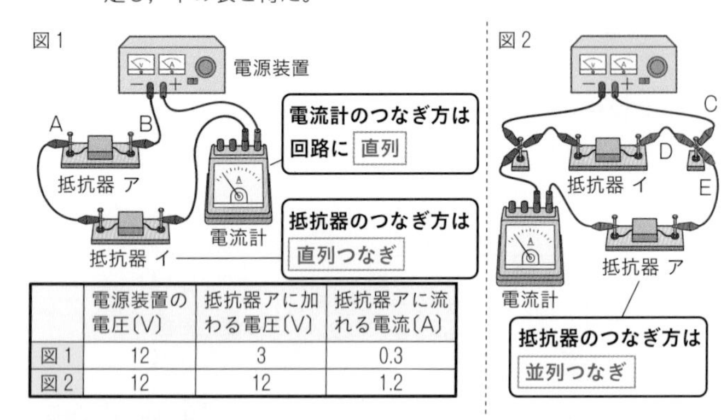

	電源装置の電圧〔V〕	抵抗器アに加わる電圧〔V〕	抵抗器アに流れる電流〔A〕
図1	12	3	0.3
図2	12	12	1.2

これが問われる!

Q1 図1の回路で，抵抗器イに加わる電圧は？

9 V

Q2 図2の回路で，抵抗器イに加わる電圧と，流れる電流は？

加わる電圧… **12** V

流れる電流… **0.4** A

Q3 図2の回路で，電源の電圧が12Vのとき，C，D，Eを流れる電流が大きい順に左から並べると？

C，E，D

これもチェック!

□1　図1の回路で，抵抗器アに加わる電圧を測定するためには，電圧計の+端子(プラスたんし)は〔(A)　B〕に，−端子(マイナス)は〔A　(B)〕につなぐ。

+端子は+極側に，
−端子は−極側につなぐ。

□2　電圧計，電流計は使用した［−］端子によって下図のように読む目盛りが変わる。

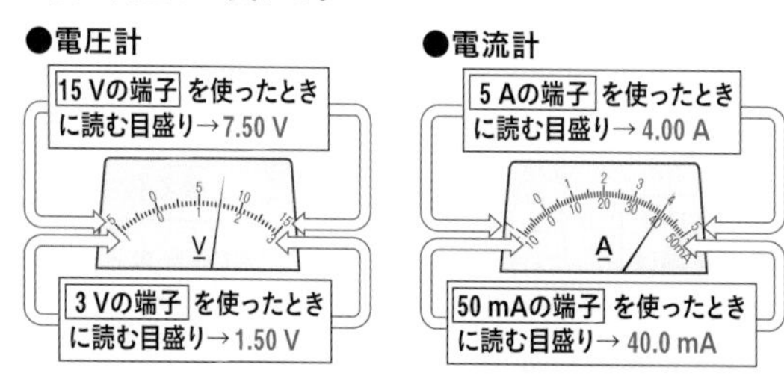

»Q1　表より，電源の電圧は12 V，抵抗器アに加わる電圧は3 Vなので，12 V−3 V=9 V

»Q2　2つの抵抗器は並列(へいれつ)につながっているので，加わる電圧は電源の電圧と同じ。よって12 V。イの抵抗は，9 V÷0.3 A=30 Ω
電流は，12 V÷30 Ω=0.4 A

»Q3　アの抵抗は，12 V÷1.2 A=10 Ω　枝分かれする前の電流と，枝分かれしたあとの電流の合計は等しいので，電流がいちばん大きいのはC，残りは抵抗が小さい順にE，Dとなる。

第4位 振動と音の大きさ・高さ

例題 モノコードのPB間の弦をはじいて振動させ，音の波形をオシロスコープで観察し，音の大きさや高さを調べた。

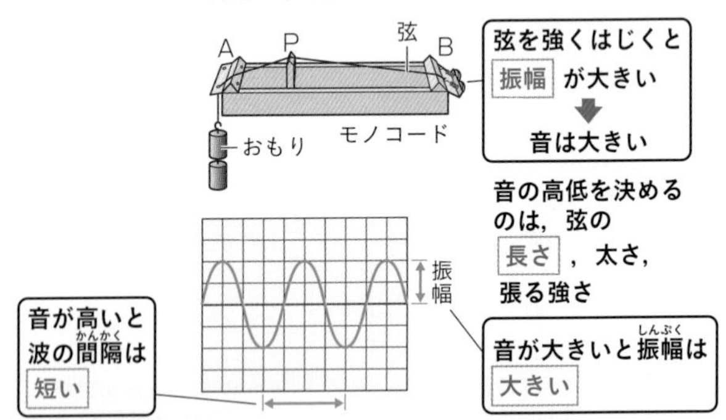

これが問われる!

Q1 弦をはじく強さ以外の条件は変えず，弦を弱くはじくと，振幅と振動数，音の大きさと高さはそれぞれどうなる？

振幅…**小さくなる。**　振動数…**変わらない。**

大きさ…**小さくなる。**　高さ…**変わらない。**

Q2 駒（P）の位置以外の条件は変えず，Pの位置を変えて弦をはじくと，音が高くなった。PをA側かB側のどちらに動かした？

B側

Q3 図の横軸の1目盛りを0.0005秒としたとき，観察した波形の振動数は何Hz？

500 Hz

これもチェック!

□1 左の実験で，駒（P）の位置と，弦をはじく強さを変えて弦をはじくと，波形は次のようになった。

①
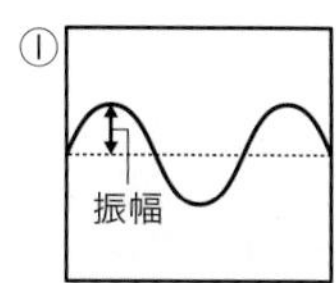

②
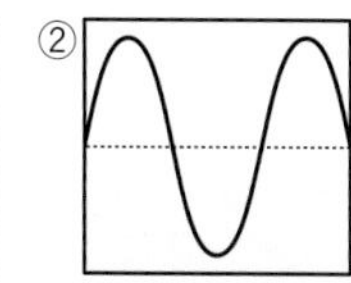
③
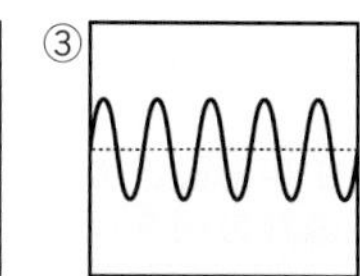

①と②を比べると，②の方が **振幅が大きい** ため，大きい音になる。また，①と③を比べると，③の方が単位時間あたりの **振動数が大きい** ため，高い音になる。

□2 おもりの数をふやしてから弦をはじいたとき，音の振動数は **増加** し，音の高さは **高く** なる。

≫Q1 弦をはじく強さを弱くすると，振幅は小さくなり，音は小さくなる。振動数や音の高さは，弦をはじく強さには関係しない。

≫Q2 弦を短くすると音は高くなる。PB 間がはじく弦の長さなので，P を B 側に近づけたことがわかる。

≫Q3 図の波形は，4 目盛りで 1 回振動していることに注目！
1 目盛りが 0.0005 秒なので，
0.0005×4＝0.002 より，0.002 秒で 1 回振動している。
振動数は単位時間（1 秒間）あたりに振動する回数なので，
1÷0.002＝500 より，500 Hz。

第5位 磁界中で電流が受ける力

例題 図1の装置に電流を流したとき，U字形磁石の磁極間の導線の動く向きや振れ方を調べる。

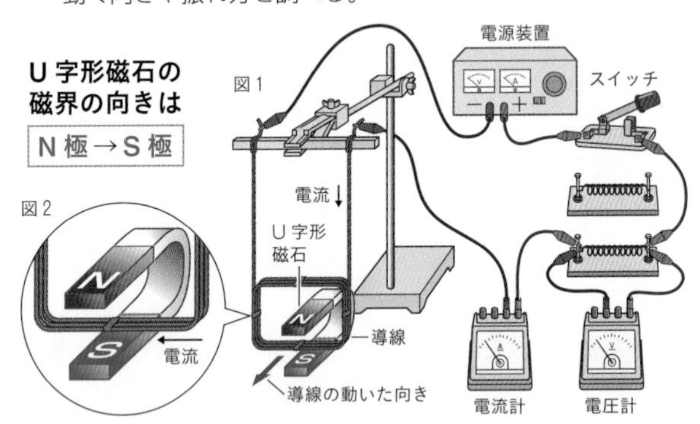

これが問われる!

□ **Q1** 電源の電圧と電流の向きは変えずに，回路につなぐ抵抗を大きいものに変えると，導線の動く向きと振れ方はそれぞれどうなる？　導線の動く向き…**変わらない。**
振れ方…**小さくなる。**

□ **Q2** 次のようにすると，導線の動く向きは？
①電流の向きを逆にする。　**逆になる。**
②磁界の向きを逆にする。　**逆になる。**
③電流と磁界の向きを逆にする。　**変わらない。**

これもチェック!

□1 実験を行う際には，電源装置の電源を入れたままにしておくと，導線や抵抗器が **発熱する** ため，こまめに電源を切り，観察をするときだけ電流を流すようにする。

□2 導線の振れ方を大きくするには，導線に流れる電流の大きさを **大きく** する。

□3 電流の向きと抵抗の大きさを変えずに，電源の電圧を大きくすると，導線の動く向きは **変わらず** ，導線の動き方は **大きく** なる。

磁界の向きは磁石のN極→S極の向きだよ。電流の向きと磁界の向きと電流が受ける力の向きは，それぞれ垂直になっているね。

»Q1 電流の向きは変えないので，導線の動く向きは変わらない。電流（導線）が磁界から受ける力の大きさは，導線に流れる電流を大きくしたり，磁界を強くしたりすることで大きくなる。電流＝電圧÷抵抗なので，電圧が変わらなければ，抵抗が大きいほど，電流は小さくなり，振れ方は小さくなる。

»Q2 電流（導線）が磁界から受ける力の向きは，電流や磁界のうち一方の向きを変えると逆になり，両方の向きを変えると変わらない。

第6位 斜面を下る物体の運動

例題 台車を斜面上に置き，静かに手をはなし，その運動のようすを記録タイマーで記録した。

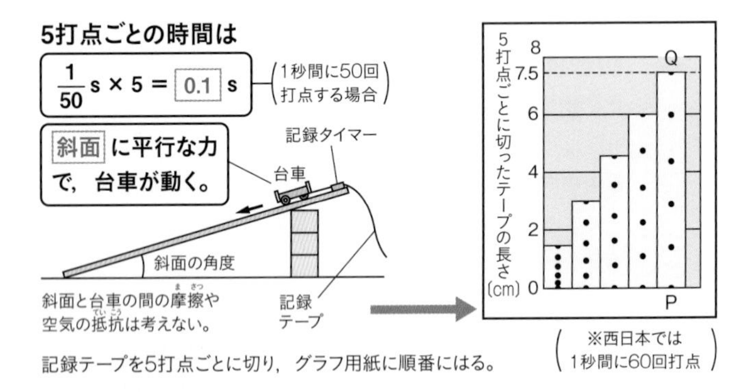

これが問われる！

Q1 記録テープから，台車の速さは時間とともにどうなっていることがわかる？ **しだいに速くなっている。**

Q2 記録タイマーが，P点を打ってからQ点を打つまでの台車の平均の速さは？ **75** cm/s

Q3 図で，斜面の角度を大きくすると，台車にはたらく斜面方向の力の大きさはどうなる？ **大きくなる。**

これもチェック!

□ **1**　斜面上を台車が下っているとき，台車にはたらく斜面方向の力の大きさは **一定** である。

□ **2**　次の図は，斜面の角度を変えたとき得られた記録テープの一部に定規を当てたものである。斜面の角度は，左ページの図より **小さく** なっている。

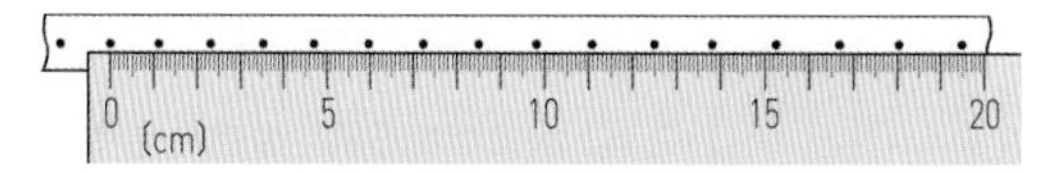

□ **3**　斜面を下り終わると台車は水平な面を運動し，やがて止まった。台車が止まったのは，運動方向と逆向きの **摩擦力**（まさつりょく） という力がはたらいたからである。

»Q1　5打点ごとに切ったテープの長さ（＝0.1秒間に移動した距離（きょり））がしだいに長くなっていることに注目！

»Q2　平均の速さ〔cm/s〕＝$\frac{移動距離〔cm〕}{時間〔s〕}$より

7.5 cm÷0.1 s＝75 cm/s

»Q3　斜面の角度が大きくなるほど，台車にはたらく斜面方向の力が大きくなる。その結果，速さの変化も大きくなる。

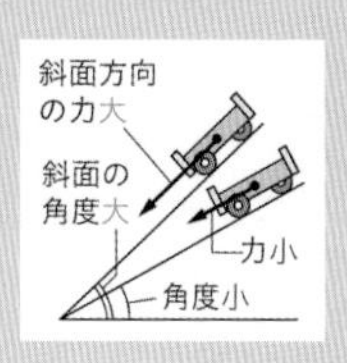

第7位 浮力(ふりょく)・水圧(すいあつ)

例題 おもりを水中に沈(しず)め，ばねばかりの示す値(あたい)の変化を調べる。

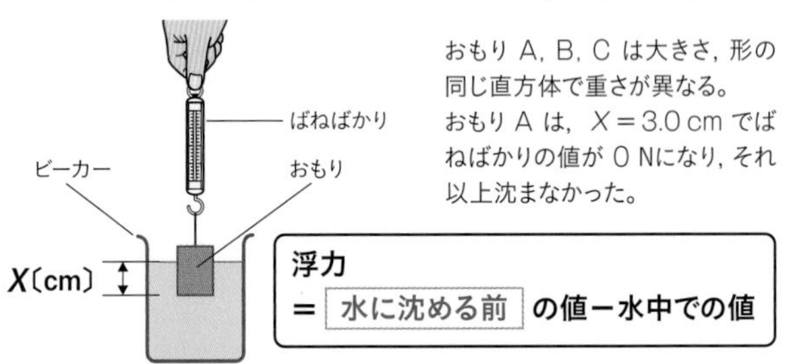

おもり A，B，C は大きさ，形の同じ直方体で重さが異なる。
おもり A は，$X=3.0$ cm でばねばかりの値が 0 Nになり，それ以上沈まなかった。

浮力
＝ 水に沈める前 の値－水中での値

水面からおもりの底までの長さ	X〔cm〕	0	1.0	2.0	3.0	4.0	5.0	6.0	7.0
ばねばかりの値〔N〕	おもりA	0.18	0.12	0.06	0	−	−	−	−
	おもりB	0.36	0.30	0.24	0.18	0.12	0.06	0.06	0.06
	おもりC	0.75	0.69	0.63	0.57	0.51	0.45	0.45	0.45

［福井県改］

これが問われる!

□ **Q1** 実験の結果から，浮力の大きさと物体の重さの関係はどうなっているといえる？ **両者の間に関係はない。**

□ **Q2** おもり A で $X=3.0$ cm になったとき，おもりにはたらいている浮力の大きさは？ **0.18 N**

□ **Q3** おもり C 全体が水中に沈んだとき，おもりにはたらく浮力の大きさは？ **0.30 N**

これもチェック!

□1 この実験のおもりBについて，水面からおもりの底までの長さX〔cm〕と，このおもりにはたらく浮力との関係を表すグラフは，右図のようになる。 ［福井県］

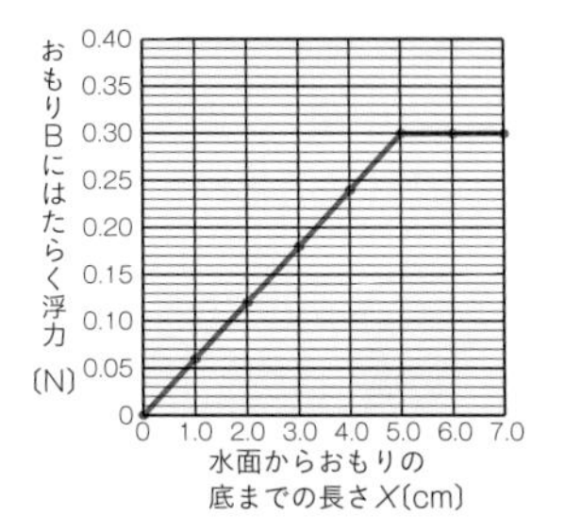

□2 浮力は，水に沈んだ部分の体積が大きいほど **大きく** なる。

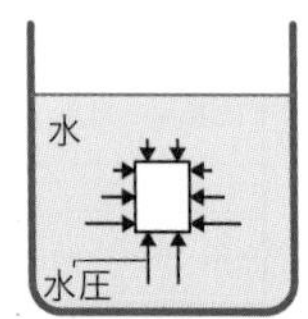

水圧は，水深が深いほど **大きく** なり，同じ深さでは水圧は等しい。
物体の上面と下面の水圧の差によって生じる，上面と下面にはたらく力の差が **浮力** になる。

»Q1 Xが 0 cm→1.0 cm→2.0 cm と長くなっても，各ばねばかりの値の変化が一定（0.06 N）であることから，浮力の大きさは物体の重さとは関係ないことがわかる。

»Q2 おもりAにはたらく重力と浮力がつり合っている。水に沈める前のおもりAの重さは，X=0 cm のときのばねばかりの値なので，0.18 N。

»Q3 X=5.0 cm 以降，ばねばかりの値が一定→おもり全体が水中に沈んでいる。0.75 N−0.45 N=0.30 N

第8位 力学的エネルギー調べ

例題 図の装置で，金属球の高さや質量を変えて斜面を転がし，木片が動いた距離を調べる。

①質量7.0 gの金属球を置くP点の高さを変えて転がす。
②P点の高さを8.0 cmとし，金属球の質量を変えて転がす。

〈結果1〉①金属球の質量が7.0 gのとき

P点の高さ	木片が動いた距離
4.0 cm	3.0 cm
8.0 cm	6.0 cm
12.0 cm	9.0 cm

〈結果2〉②P点の高さが8.0 cmのとき

金属球の質量	木片が動いた距離
10.0 g	8.6 cm
15.0 g	12.9 cm
20.0 g	17.1 cm

これが問われる!

- Q1 結果1より，金属球の基準面からの高さと木片が動いた距離の関係は？ **比例**
- Q2 結果2より，金属球の質量が30.0 gのときの木片が動く距離は，質量が10.0 gのときの約何倍になる？ **3倍**
- Q3 ①でQ点での金属球の位置エネルギーと運動エネルギーは，それぞれ0または最大のどちらか。
  位置エネルギー **0**　運動エネルギー **最大**

これもチェック!

□1 装置から木片をとり除き，8.0 cm の高さのP点から金属球を転がした。右のグラフ（——）はそのときの金属球の **位置** エネルギーの変化を表している。

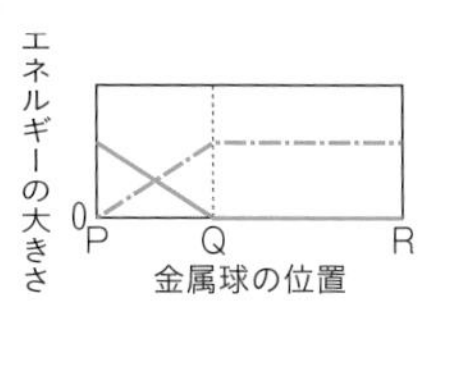

□2 1のグラフ（-·-·-）は，**運動** エネルギーの変化を表している。

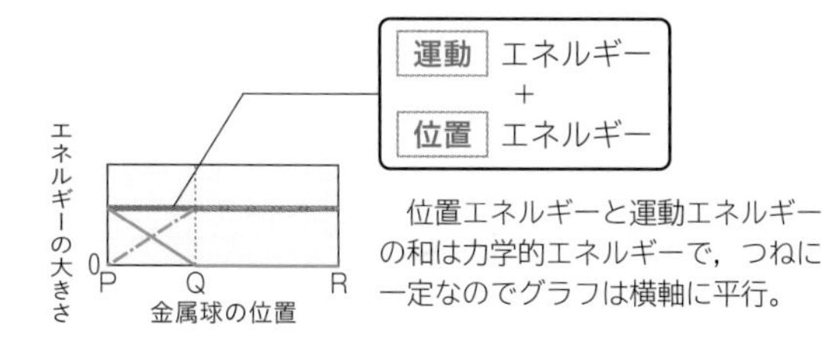

位置エネルギーと運動エネルギーの和は力学的エネルギーで，つねに一定なのでグラフは横軸に平行。

»Q1 高さが2倍（4.0 cm→8.0 cm）になったとき，動いた距離も2倍（3.0 cm→6.0 cm）になっていることに注目！

»Q2 結果2では，質量と木片が動いた距離はほぼ比例している。

»Q3 位置エネルギーの大きさは，斜面を下っていくにしたがって小さくなっていき，基準面（Q点）で0になる。位置エネルギーと運動エネルギーはたがいに移り変わるので，運動エネルギーはQ点で最大になる。

第9位 仕事と仕事率

例題 モーターでおもりを一定の速さで 80 cm 引き上げる仕事について調べる。100 g の物体にはたらく重力の大きさを 1 N とし，糸や動滑車の質量は無視できるものとする。

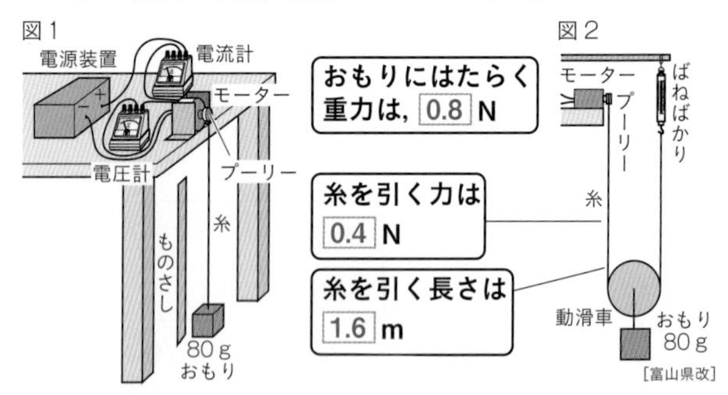

これが問われる!

Q1 図1で 80 g のおもりを，一定の速さで 80 cm 引き上げたときの仕事は何 J？ **0.64 J**

Q2 図2で 80 g のおもりを，一定の速さで 80 cm 引き上げたときの仕事は何 J？ **0.64 J**

Q3 **Q1** でおもりを引き上げるのに 5 秒かかった。このときの仕事率は何 W？ **0.128 W**

これもチェック!

□1 仕事をする力と距離が異なる図1と図2で，仕事の大きさは **同じ** になる。これを **仕事** の原理という。

□2 図2のときの仕事率は，図1のときの半分で0.064 Wだった。このとき，おもりを引き上げるのにかかった時間は， **10** 秒。

□3 図1と図2のときの仕事率を比べると，図 **1** の方が仕事の効率がよいといえる。

仕事率は，「単位時間あたりにした仕事の量」だから，仕事率が大きい方が同じ時間で大きな仕事をしている。つまり，仕事の効率がよいといえるね。

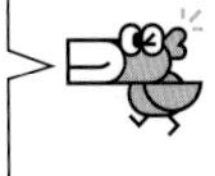

≫Q1 仕事〔J〕＝力の大きさ〔N〕×力の向きに動いた距離〔m〕なので，
0.8 N×0.8 m＝0.64 J

単位が「m」であることに注意！

≫Q2 動滑車を1つ使うと，必要な力の大きさは$\frac{1}{2}$倍になり，引く距離が2倍になる。したがって，0.4 N×1.6 m＝0.64 J

≫Q3 仕事率〔W〕＝仕事〔J〕÷かかった時間〔s〕なので，
0.64 J÷5 s＝0.128 W

第10位 電磁誘導の実験

例題 棒磁石を動かしてコイルの中の磁界を変化させ，コイルに流れる電流の向きや大きさを調べる。

(1)　コイルに棒磁石のN極を矢印の向きに入れたら，検流計の針が右に振れた。

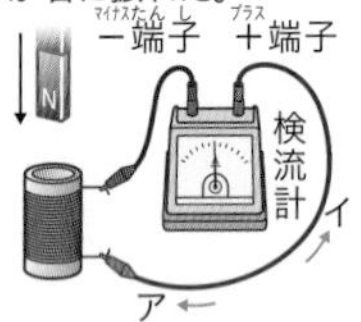

(2)　コイルの上で棒磁石のN極をAからBまで動かしたら，検流計の針が振れた。

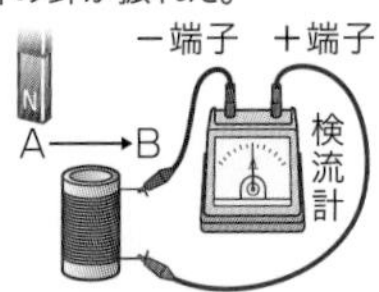

- **コイルの中で磁界の変化がないとき，電流は 流れない 。**
- **コイルの中で磁界の変化があるとき， 誘導電流 が流れる。**

これが問われる!

- Q1 実験の(1)で，磁石のＳ極を近づけると，検流計の針はどちらへ振れる？ **左**
- Q2 実験の(1)でコイルに流れる電流を大きくするには？
  - ①コイルの巻数… **多くする。**
  - ②棒磁石の磁力…… **強い** ものを用いる。
  - ③棒磁石を動かす速さ… **速くする。**
- Q3 実験の(2)で，針はどのように振れる？
  - 最初は **右** に振れ，そのあと **左** に振れる。

これもチェック!

□1 実験の(1)で，N極を入れたままにしたとき，針は **振れない** 。また，N極をコイルから引き出したとき，針は **左** に振れる。

□2 実験の(1)で棒磁石のN極が近づくと，コイルに流れる電流の向きは，〔ア イ〕。

□3 実験の(2)で，コイルの上で棒磁石をAからBまで動かしたあと，Bの位置で棒磁石を止めたままにしたとき，電流は **流れない** 。

□4 わたしたちの身のまわりにある電磁誘導を利用したものには，〔電磁石 発電機〕がある。

»Q1 近づける極を変えると，誘導電流(ゆうどうでんりゅう)の向きは逆向きになる。

»Q2 コイルの中の磁界の変化を大きくすればよい。

»Q3 磁石の極とコイルの位置関係に注目する。A−コイル−Bと並んでいるので，AからBまで動かすとき，コイルから見れば，最初（N極が近づいてくる）は(1)と同じく右に振れ，そのあと（N極が遠ざかる）は左に振れる。

第11位 力の大きさとばねののび

例題 ばねにいろいろな重さのおもりをつるし，ばねにはたらく力の大きさとばねののびの関係を調べる（ばねの質量は考えないものとする）。

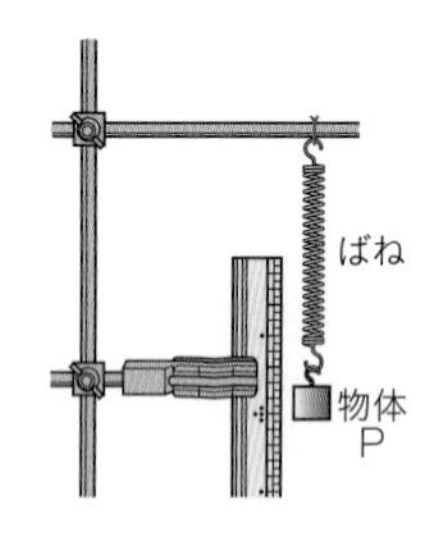

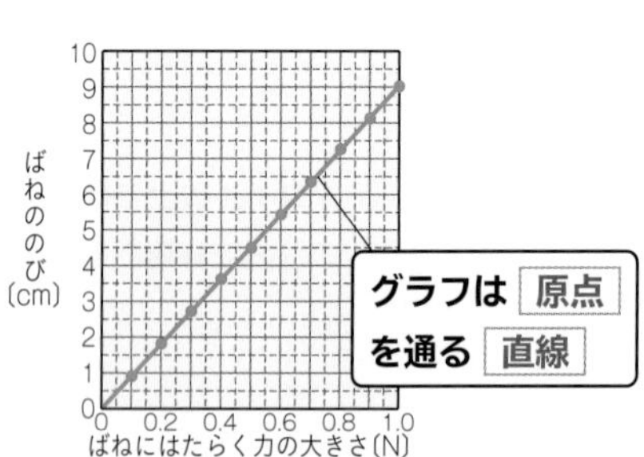

［千葉県改］

これが問われる!

□ **Q1** グラフから，ばねにはたらく力の大きさとばねののびの間にはどんな関係がある？ **比例関係**

□ **Q2** このばねに物体Pをつるすと，ばねが5.4 cmのびた。物体Pの質量（しつりょう）は何g？（100 gの物体にはたらく重力（じゅうりょく）は1 Nとする） **60 g**

□ **Q3** ばねにつるしたままの物体Pを下から支えると，ばねののびは4.5 cmになった。このとき物体Pを下から支えている力は何N？ **0.1 N**

これもチェック！

□□ 1　ばねに物体Pをつるしたときに物体Pにはたらくすべての力は，右図のように表せる。（方眼1目盛りは0.2 N）

［千葉県］

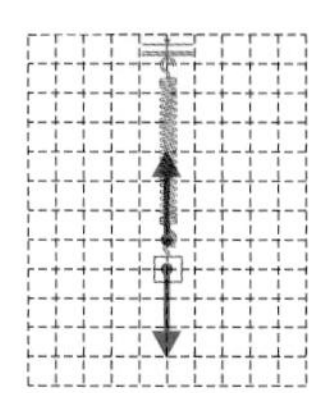

≫Q1　グラフが原点を通る直線になっていることに注目！

≫Q2　グラフが通る点の座標に注目！

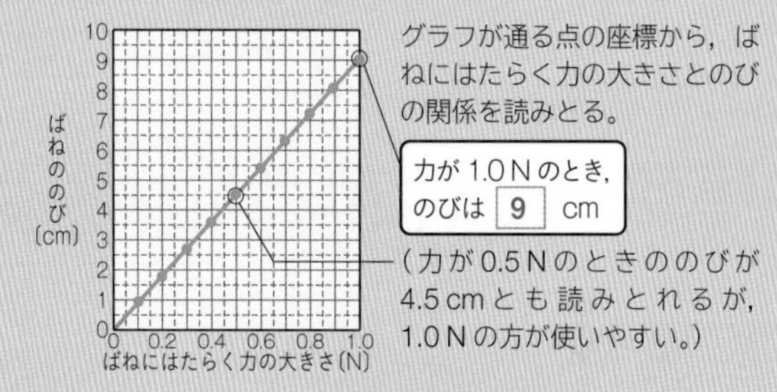

ばねが5.4 cmのびるときの力の大きさをxとすると，1.0 N：9 cm＝x：5.4 cm　より，x＝0.6 N　100 gの物体にはたらく重力は1 Nとしているので，物体Pの質量は60 g。

≫Q3　**Q2**より，物体Pがばねを引く力の大きさは0.6 N。ばねののびが4.5 cmになるときの力の大きさは，グラフより0.5 N。したがって，0.6 N−0.5 N＝0.1 N　より，物体Pを下から支えている力は0.1 N。

光の屈折の実験

例題 半円形レンズの中心に入射角を変えて光を当て，屈折光や反射光の道すじを調べる。

図 1

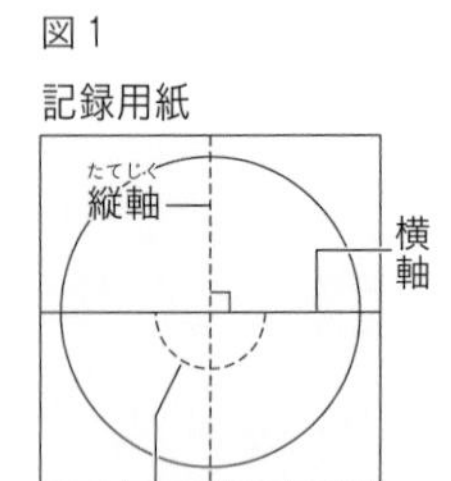

半円形レンズを置く位置

半円形レンズ

図 2

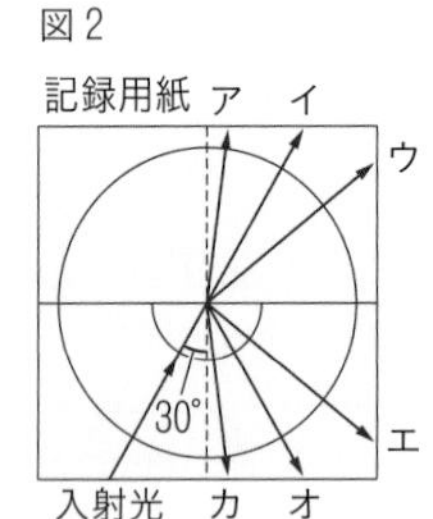

縦軸に対して 30° になるようにレンズの中心に向けて入射光を当てる。

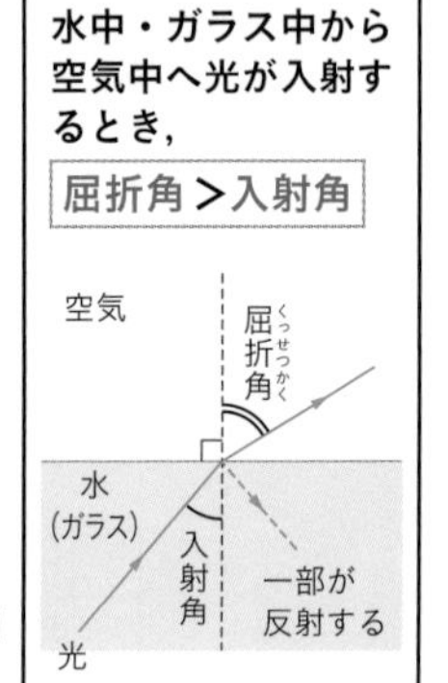

これが問われる!

- Q1 光が，ガラス中から空気中へ進むとき，入射角と屈折角で大きいのはどちら？ **屈折角**
- Q2 図２の入射光に対する屈折光の道すじはア～カのどれ？ **ウ**
- Q3 光は，ある物質から種類のちがう物質に進むとき，境界面で屈折するが，一部は反射する。図２の入射光に対する反射光の反射角は何度？ **30°**

これもチェック!

□1　図2で，入射光の入射角を **大きく** していくと，屈折角はしだいに **大きく** なり，やがて，光は空気中へ出ていかずに，半円形レンズと空気の境界面ですべて反射するようになる。この現象を **全反射** という。

□2　図Aの(A)の位置に鉛筆(えんぴつ)を置き，矢印（➡）の方向から観察すると，鉛筆は図Bの **イ** のように見える。

図A

図B

»Q1　光が，ガラス中から空気中へ進むとき…入射角＜屈折角
光が，空気中からガラス中へ進むとき…入射角＞屈折角

»Q2　光が，ガラス中から空気中へ進むときは，入射角（図2のときは30°）よりも，屈折角の方が大きくなるので，屈折角が30°のイよりも大きいウであると考えられる。

»Q3　光の反射の法則から，入射角＝反射角　となるので，図2の入射光に対する反射光はオであり，その角度は30°である。

第13位 振り子の運動（力学的エネルギーの保存）

例題 振り子の運動の位置エネルギーと運動エネルギーの移り変わりや力学的エネルギーの保存について調べる。
（空気の抵抗などは考えないものとする。）

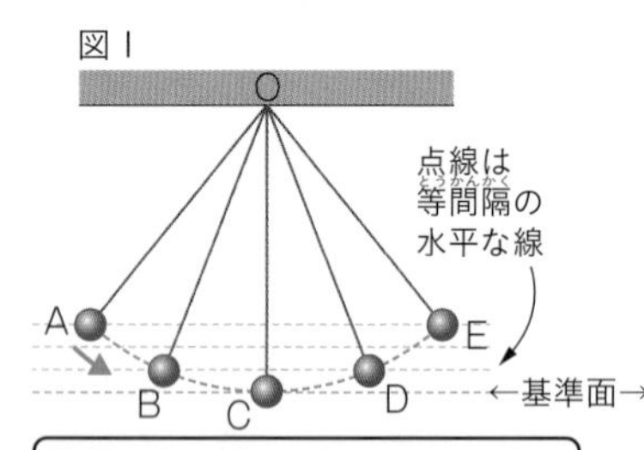

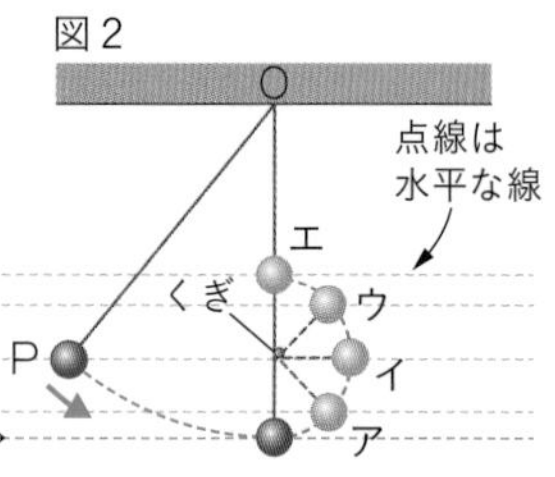

位置エネルギーと運動エネルギーはたがいに移り変わり，和は一定。

力学的エネルギーは 保存される 。

これが問われる！

□ **Q1** 図１で，おもりがもつ運動エネルギーが最大なのはＡ点～Ｅ点のどこ？ **C点**

□ **Q2** Ａ点での位置エネルギーの大きさを１としたとき，Ｄ点での位置エネルギーと運動エネルギーの和は？ **1**

□ **Q3** 右図に，運動エネルギーの変化をかくと？

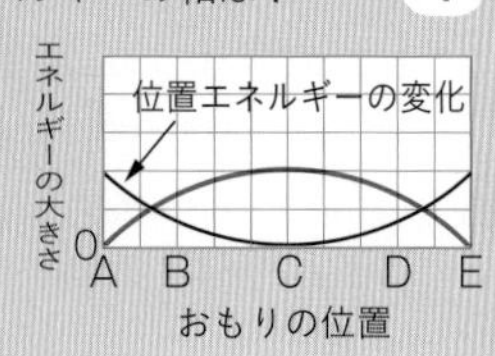

これもチェック!

□1　図1で，おもりがA点でもつ位置エネルギーは，C点ですべて **運動** エネルギーに変わる。

実際は，エネルギーが移り変わるときに，エネルギーの一部が熱や音などのエネルギーに変わってしまうから，すべて運動エネルギーに変わるわけではないけれど，熱や音などのエネルギーもすべてふくめれば，エネルギーは保存されているよ。

□2　図1で，おもりがA点でもつ位置エネルギーが1，B点でもつ位置エネルギーが0.3だった場合，B点でもつ運動エネルギーは **0.7** である。

□3　図2で，P点ではなしたおもりは，ア～エのうち， **イ** まで上がる。

»Q1 位置エネルギーは基準面からの高さが高いほど大きい。いちばん低い位置にあるC点では，位置エネルギーが最小（0）になり，すべて運動エネルギーに移り変わっているので，運動エネルギーはC点が最大になる。

»Q2 A点～E点のどこでも，位置エネルギーと運動エネルギーの和（力学的エネルギー）は一定！

»Q3 総量がつねに一定になるので，運動エネルギーはA点とE点で最小（0），C点で最大になる。

第14位 力の分解・合成

例題 次の図1～図3のそれぞれの物体のようすや物体が運動しているときの，力のはたらきを調べる。

図1

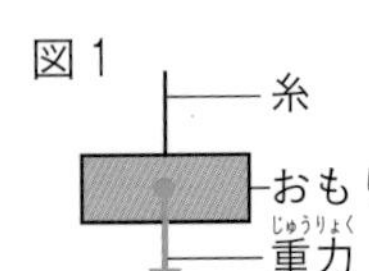

おもりを糸でつり下げている。

図2

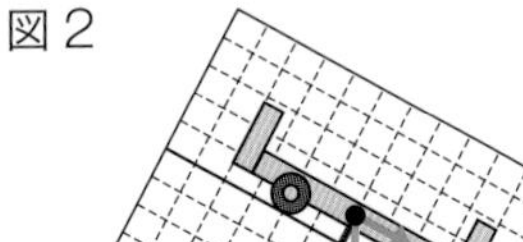

斜面を下る台車に，重力が下向きにはたらいている。

図3

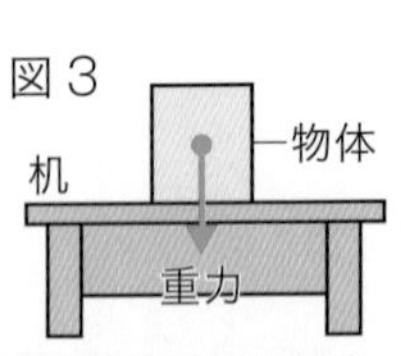

机の上に物体が静止している。

これが問われる!

□ **Q1** 上の図1の重力とつり合う，糸がおもりを引く力を右図中にかくと？

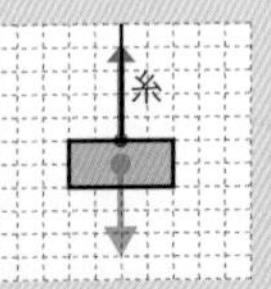

□ **Q2** 上の図2で，斜面の傾きが大きいほど，台車の速さのふえ方はどうなる？

大きくなる。

□ **Q3** 上の図3で，物体が机から受ける力を右図中にかくと？

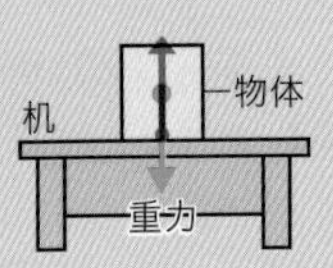

☑これもチェック！

□1 等速直線運動をしている 300 g の台車にはたらく重力（3 N）を，●を作用点としてかくと，右図のようになる。（1 目盛りは 1 N）

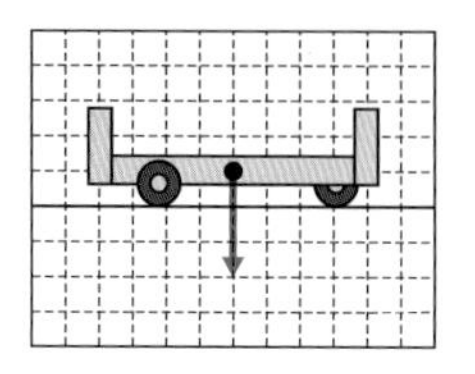

□2 物体Aに 2 方向からX，Yの力がはたらいているとき，この 2 力の合力は，下図のようになる。

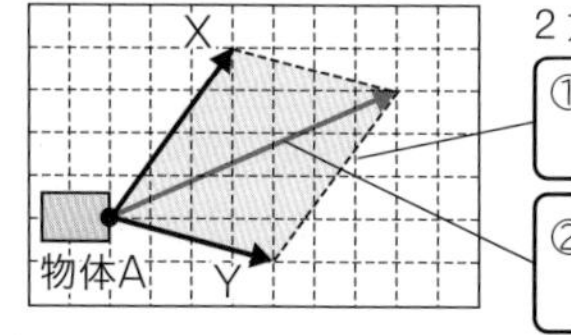

2 力を合成するときは，

①2 力の矢印を 2 辺とする平行四辺形をかく。

②平行四辺形の 対角線 が合力になる。

□3 斜面上の物体にはたらいている重力が矢印のように表せるとき，この重力の斜面に垂直な方向の分力と斜面に平行な方向の分力は，右図のように表せる。

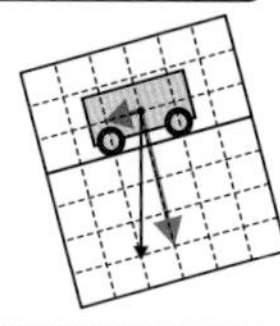

≫Q1 重力の大きさが下向きに 4 目盛り分なので，糸がおもりを引く力は上向きに 4 目盛り分。

≫Q2 斜面の傾きが大きいほど，斜面に平行な分力が大きくなるため，台車の速さのふえ方は大きくなる。

≫Q3 垂直抗力は，物体が机の面を押す力と同じ大きさで向きが反対。作用点の位置に注意！

光の反射の実験

例題 図のように，光源装置で鏡に光を当てたときの光の道すじや鏡に映る物体の見え方を調べる。

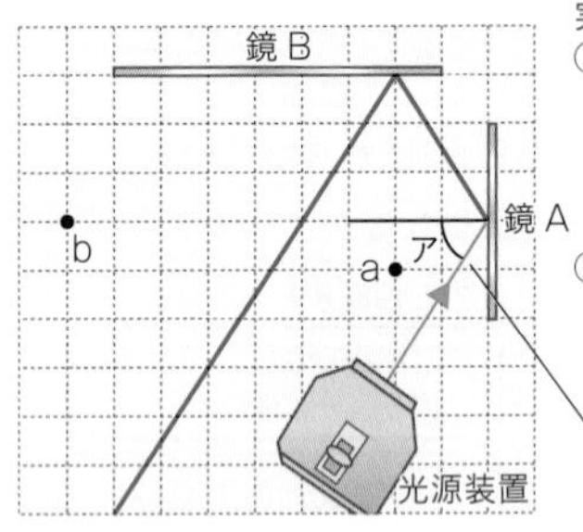

実験

①平面上にある方眼紙の上に光源装置を置き，鏡A，鏡Bを垂直に立て，光を当てる。図は鏡Aに入射する光を記録したものである。

②a点から鏡Bを見ると，b点に置いた物体が見えた。

反射での光の進み方は直進し，入射角（にゅうしゃかく）＝反射角。

これが問われる!

- Q1 実験の図で，アの角度の名称は？　**入射角**
- Q2 実験①で，光源の光が鏡Aに当たってから，さらに鏡Bに当たったあとの光の進む道すじを上の図中に示すと？
- Q3 実験②のとき，b点に置いた物体の像（ぞう）を，右図にかくと？
- Q4 実験②で，b点の物体から出た光が鏡Bで反射してa点に届くまでの道すじを，右図にかくと？

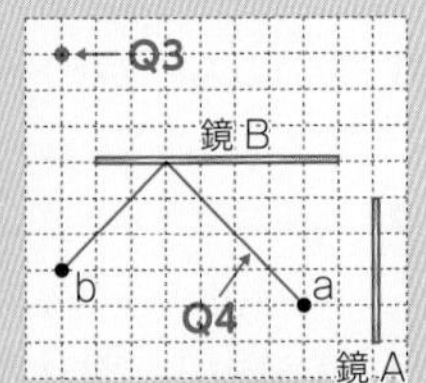

これもチェック!

□1　同じ物質(ぶっしつ)中では，光は **直進** する。

□2　鏡に映って見える物体の像は **虚** 像で，鏡をはさんで物体と **線対称** の位置にあるように見える。この像は，物体と **同じ** 大きさで，向きは左右 **逆** 向き。

≫Q1　鏡の面に垂直に引いた線と，入射光(にゅうしゃこう)との間の角を，入射角という。

≫Q2　光の反射の法則によって，光は右の図1のように，鏡Aの面でも，鏡Bの面でも，入射角と反射角(はんしゃかく)が等しくなるように反射する。

図1

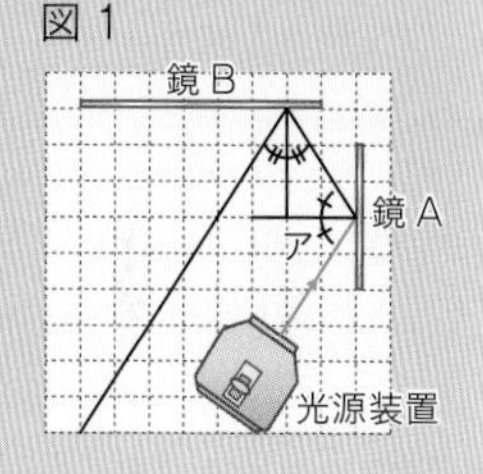

≫Q3・Q4　まず，右の図2のように，鏡に対してb点と対称(たいしょう)な点をとる(虚像(きょぞう)はこの位置にあるように見える)。次に，その点とa点を結ぶ線を引く。その線と鏡の面の交点が光の反射する点である。

図2

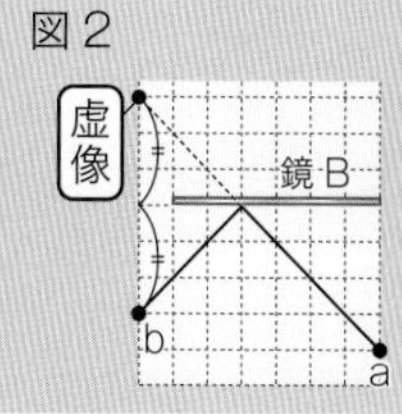

第16位 コイルのまわりの磁界

例題 図１と図２の２つのコイルで，コイルのまわりに生じる磁界を調べる。

磁針のＮ極の指す向きは 磁界の向き を示す。

導線をたばねてコイルにしたものは １本の導線 と考える。

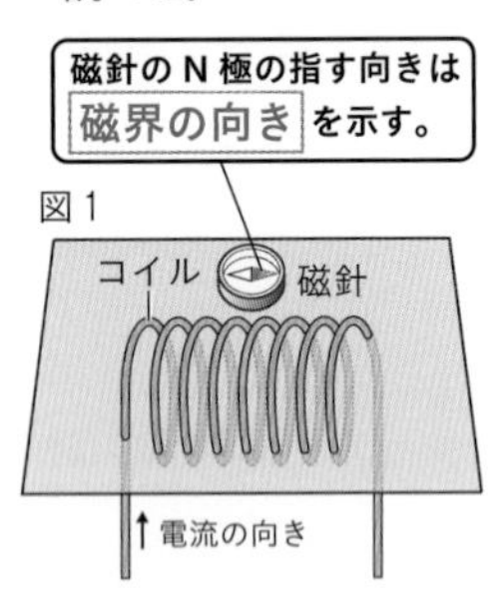

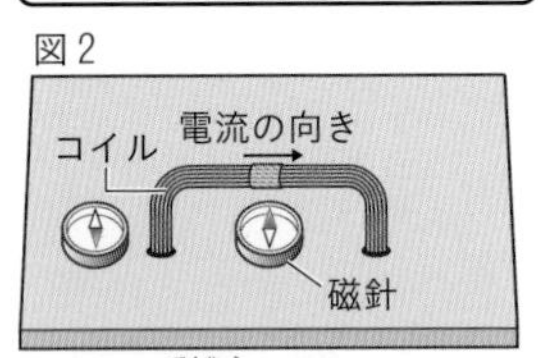

コイルに電流を流したときの磁針は図のようになった。
（色のついているほうがＮ極）

これが問われる!

□Q1 コイルのまわりの磁界の向きは，各点に置いた磁針の何極が指す向きか？

N極

□Q2 コイルのまわりの磁界の向きは，コイルの巻き方と何が関係する？

電流の流れる向き

□Q3 コイルの磁界を強くするには？

①電流… 大きくする。
②巻数… 多くする。

第17位 電流による発熱

例題 図の装置のコップに，100 g の水と電熱線を入れ，6.0 V の電圧を加えて，水の上昇温度を調べる。回路に 6.0V の電圧を加えると，1.5A の電流が流れた。

電熱線が発生する熱量を求める式は
熱量〔J〕
＝電力〔W〕×時間〔s〕
＝ 電圧〔V〕 × 電流〔A〕 × 時間〔s〕

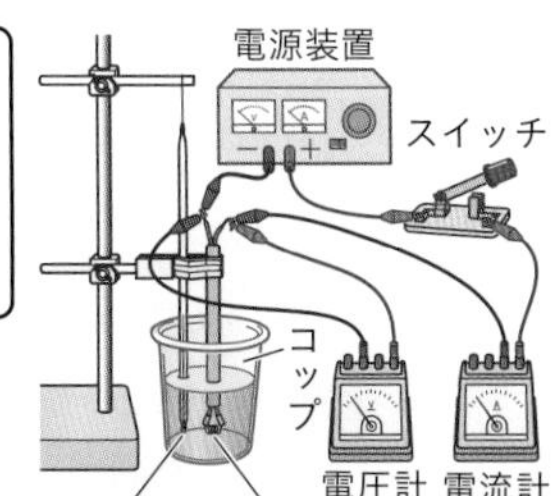

くみおきの水の温度は 23.1 ℃

時間〔分〕	0	1	2	3	4	5
水の温度〔℃〕	23.1	24.1	25.1	26.1	27.1	28.1

1 分ごとに約 1℃上昇

これが問われる!

Q1 実験で使用した電熱線から 1 秒間に発生する熱量は？

6.0 V × 1.5 A × 1 s より 9.0 J

Q2 電圧は 6.0 V のままで，電熱線の抵抗を 2 倍にすると，1 分ごとに水温は約何℃上昇する？

1℃ × $\frac{1}{2}$ より 0.5 ℃

第1位 化学電池の実験

例題 図のようにしてダニエル電池をつくり，モーターとつないだところ，モーターが回った。

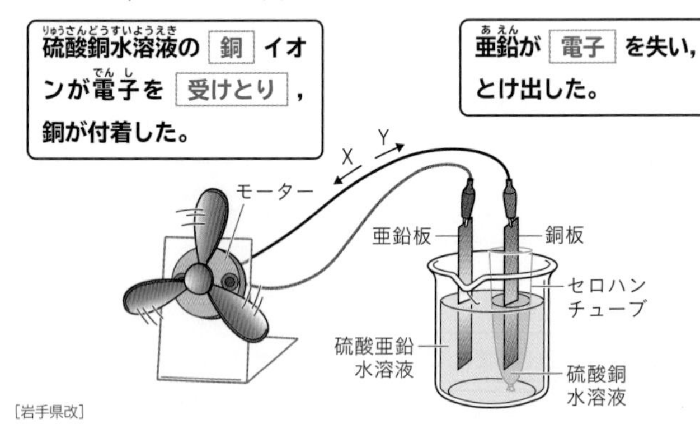

［岩手県改］

これが問われる!

- **Q1** ダニエル電池では，－極は亜鉛板と銅板のどっち？
  亜鉛板
- **Q2** 亜鉛は水溶液中で電子を失い，何イオンとなる？
  そのときのようすを化学式で表すと？（電子を e^- と表す。）
  亜鉛イオン　　$Zn \longrightarrow Zn^{2+} + 2e^-$
- **Q3** 亜鉛板に残った電子はどうなる？
  導線を通って **銅板** へ移動する。
- **Q4** 電流の流れる向きは，上図のX，Yのどっち？ **X**

これもチェック!

□1　銅と亜鉛では，イオンになりやすいのは，**亜鉛** である。

□2　銅板で起こる化学変化のようすを模式的に表したものとして最も適当なものは，次のうち **イ** である。(㊀は電子を表している。)　[鹿児島県改]

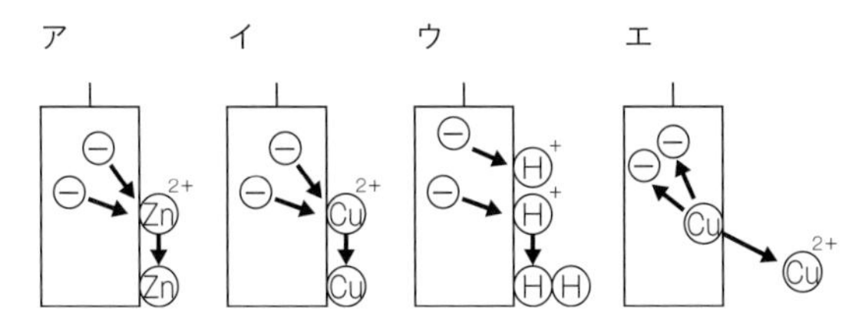

□3　実験で亜鉛板側から銅板側にセロハンを通過したイオンを化学式で書くと **Zn^{2+}** 。

»Q1　亜鉛の方が銅よりイオンになりやすく，－極となる。

»Q2　銅板での反応を化学式で表すと，

Cu^{2+} ＋ $2e^{-}$ ⟶ Cu

»Q3，Q4　電子の移動は亜鉛板から銅板であり，電流の流れは逆に銅板から亜鉛板となる。

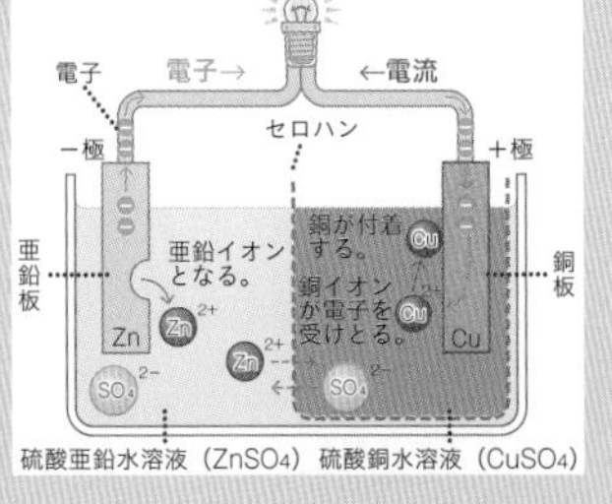

第2位 金属イオンの実験

例題 マグネシウム，亜鉛，銅の金属板を水溶液に入れたときの金属板の表面のようすを表にまとめた。

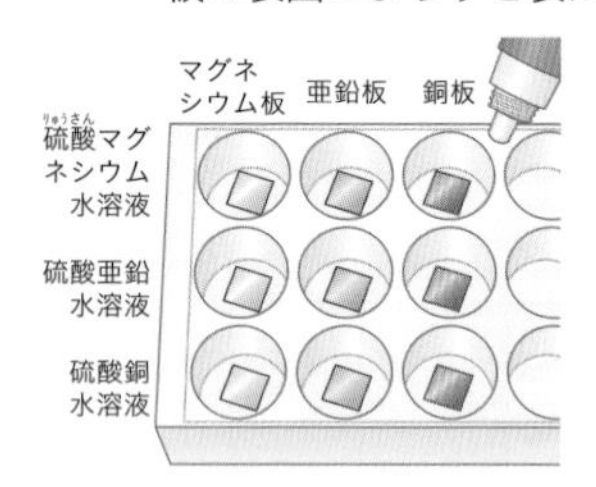

	マグネシウム	亜鉛	銅
硫酸マグネシウム水溶液	×	×	×
硫酸亜鉛水溶液	○	×	×
硫酸銅水溶液	○	○	×

★固体が付着した場合…○
固体が付着しなかった場合…×

イオンのなりやすさのちがいで，固体が付着するか否かが決まるね。

これが問われる!

Q1 硫酸亜鉛水溶液に入れたマグネシウム板に付着した固体は灰色だった。この固体は何？

亜鉛

Q2 硫酸銅水溶液に入れたマグネシウム板に付着した固体は赤色だった。この固体が付着した化学変化を，電子をe^-として化学反応式で表すとどうなる？

$$Cu^{2+} + 2e^- \longrightarrow Cu$$

Q3 この実験で用いた金属を，イオンになりやすい順に左から並べると？

マグネシウム ＞ **亜鉛** ＞ **銅**

これもチェック!

□□ 1　実験に用いた水溶液には，陽(よう)イオンと陰(いん)イオンがふくまれている。このうち，陽イオンは，原子が電子を **失っ** て，**+** の電気を帯びたものをいう。

□□ 2　硫酸銅水溶液に亜鉛板を入れたとき，硫酸銅水溶液中の銅イオンの数は，しだいに **減少** し，硫酸イオンの数は，**変わらない** 。

□□ 3　硫酸銅水溶液にマグネシウム板を入れると，マグネシウム原子は，電子を **2** 個失い，マグネシウムイオンになる。これを化学反応式で表すと，

$Mg \longrightarrow$ **Mg^{2+}** $+ \ 2e^-$ となる。

»Q1 水溶液中から金属の固体が出てくるのは，その金属がイオンから原子(げんし)に変化したため。マグネシウム原子 Mg が電子 e^- を2個失ってマグネシウムイオン Mg^{2+} に，亜鉛イオン Zn^{2+} が電子を2個受けとって亜鉛原子 Zn になる。

»Q2 マグネシウム板に付着した固体は，硫酸銅水溶液中の銅イオンが電子を2個受けとって銅原子になったもの。

»Q3 硫酸亜鉛水溶液，硫酸銅水溶液のどちらに入れたときも，マグネシウム板には固体が付着していることから，この3つの金属のうち，最もイオンになりやすいのは，マグネシウム。

 出るランク 

第3位 気体の発生と性質調べ

例題 水素，酸素，二酸化炭素，アンモニアを発生させて集め，性質を調べる。

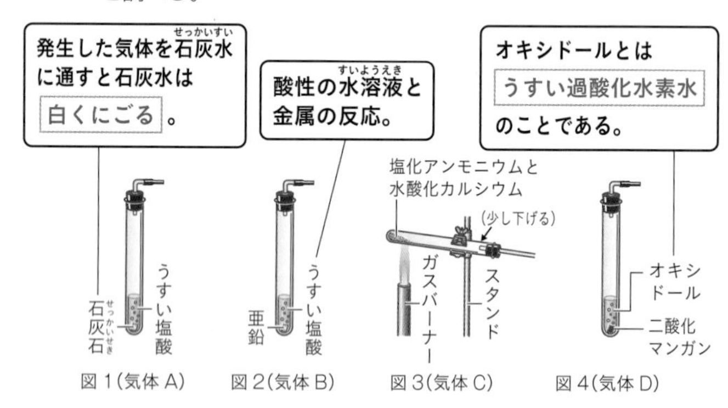

図 1(気体 A)　図 2(気体 B)　図 3(気体 C)　図 4(気体 D)

これが問われる!

□ **Q1** 気体 A は？

二酸化炭素

□ **Q2** 気体 B は空気より軽く，水にとけにくい。このような性質の気体の集め方は右上のア～ウのどれ？

ア　イ　ウ
集まった気体
水
集まった気体
集まった気体

ア

□ **Q3** 気体 A～D で，鼻をさすようなにおいのある気体は？

気体 C

これもチェック!

□1　気体Bの集まった試験管にマッチの火を近づけると，**ポッと音をたてて** 燃える。このときの化学反応式(かがくはんのうしき)は **$2H_2 + O_2 \longrightarrow 2H_2O$** である。

□2　気体Dは，ほかの物質(ぶっしつ)を **燃やす** 性質があり，**水上置換** 法で集める。

□3　発生した気体が二酸化炭素であれば，石灰水に通すと石灰水が **白くにごり** ，水にとかすとその水溶液は **酸** 性を示す。

□4　気体Cを水にとかし，フェノールフタレイン溶液を加えると **赤** 色になる。

»Q1　発生する気体は，Aは二酸化炭素，Bは水素，Cはアンモニア，Dは酸素である。

»Q2

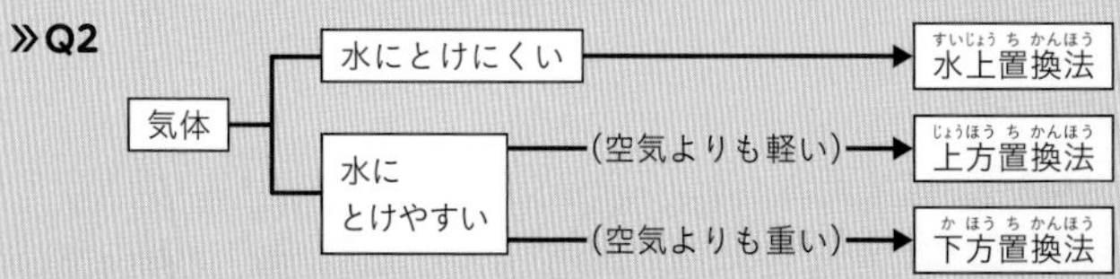

»Q3　においのある気体にはアンモニア，塩化水素，塩素などがある。酸素，水素，二酸化炭素，窒素(ちっそ)などは無臭(むしゅう)。

第4位 状態変化での体積と質量

例題 図１のように，液体のロウを冷やして前後の質量や体積を調べる。図２のように，ポリエチレンの袋に液体のエタノールを入れ熱湯をかける。

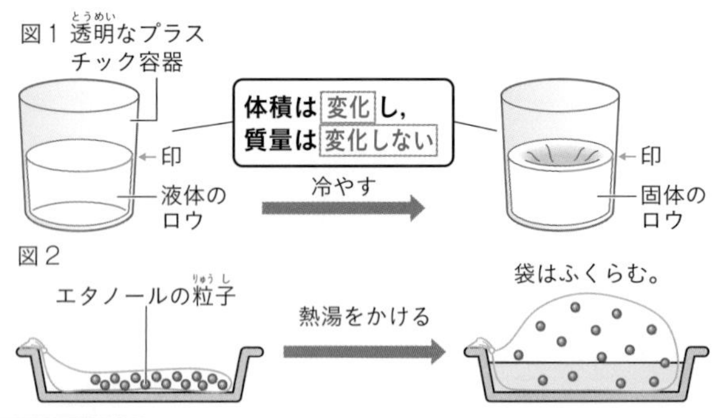

これが問われる！

□ **Q1** 図１で，ロウが液体から固体になると，体積は大きくなる？　小さくなる？　**小さくなる。**

□ **Q2** 図１で，液体のロウが固体になると，密度はどうなる？　**大きくなる。**

□ **Q3** 図２で，熱湯をかけた袋の中のエタノールの質量はどうなる？　**変わらない。**

□ **Q4** 物質の状態が固体↔液体↔気体のように，温度によって変わることを何という？　**状態変化**

これもチェック！

□□1 固体のロウを液体のロウの中に入れると，固体のロウは **沈む** 。

□□2 図２で，ポリエチレンの袋がふくらむとき，粒子の運動は **激しく** なる。

□□3 図２で，ふくらんだ袋の温度が下がると，エタノールは再び **液体** にもどる。

□□4 固体，液体，気体の粒子の集まり方や運動のようすを模式的に表すと，それぞれア～ウのどれになる？ ［三重県改］

ア
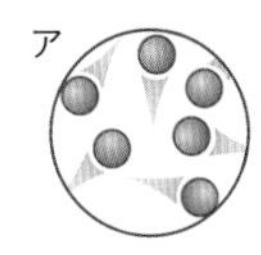
イ
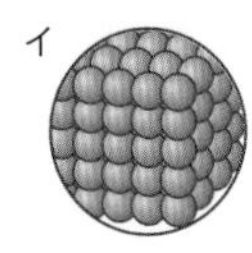
ウ
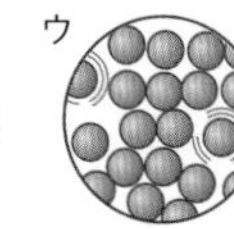

固体… **イ**
液体… **ウ**
気体… **ア**

»Q1 一般に，物質の固体，液体，気体の体積の関係は，

固体の体積 < 液体の体積 < 気体の体積 のようになる。

ただし，水は液体から固体になると体積がふえる。

»Q2 物質の密度〔g/cm^3〕$=\dfrac{物質の質量〔g〕}{物質の体積〔cm^3〕}$ なので，

質量が変わらず，体積が小さくなると密度は大きくなる。

»Q3 状態変化では，体積は変化するが，質量は変化しない。

第5位 水溶液の性質調べ

例題 A～Dの4種類の水溶液は，食塩水，砂糖水，うすい塩酸，アンモニア水のいずれかである。

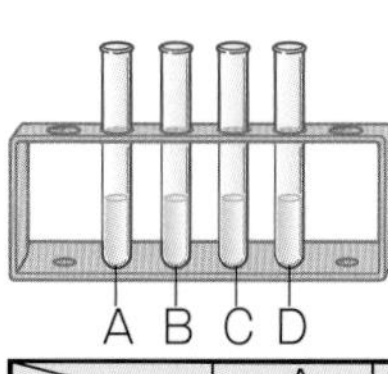

BTB溶液の色の変化

酸性 ➡ 黄色
中性 ➡ 緑色
アルカリ性 ➡ 青色

	A	B	C	D
①におい	なし	刺激臭	なし	刺激臭
②BTB溶液の色の変化	緑色	黄色	緑色	青色
③マグネシウムリボンを入れたとき	気体が発生しない	X	気体が発生しない	Y

酸性の水溶液と反応し，水素を発生

これが問われる!

Q1 水溶液のにおいをかぐときは，どのようにする？

手であおぐようにしてかぐ。

Q2 水溶液B，Dは4種類のうちどれ？

B…うすい塩酸　D…アンモニア水

Q3 表の空欄X，Yにあてはまる言葉は？

X…気体が発生する　Y…気体が発生しない

これもチェック!

□1　表から，区別できなかった水溶液は **A** と **C** である。

□2　水溶液Aをスライドガラス上に1滴(てき)とり，下から加熱すると，白い粒が残ったので，Aは **食塩水** である。

□3　水溶液Cを**2**のようにして加熱すると，こげて，黒い固体ができたので，Cは **砂糖水** である。

□4　水溶液Bのにおいはとけている気体の **塩化水素** のにおいで，この気体の色は **無色** 。

□5　アンモニアは水に非常にとけやすく，空気より軽いので，集めるときは **上方置換** 法で行う。

»Q1　有害な気体があるので，直接鼻を近づけてかぐのは危険。また，必要以上に吸いこまないようにする。

»Q2　BTB溶液の色から，水溶液Bは酸性なので4種類の中ではうすい塩酸とわかる。水溶液Dはアルカリ性なので4種類の中ではアンモニア水とわかる。

»Q3　塩酸や硫酸(りゅうさん)などの酸性の水溶液にマグネシウムを入れると，水素が発生する。

第6位 物質の見分け方

例題 4種類の白い粉末について，次の①～③の実験を行い，それぞれの性質について調べる。

アルミニウムはくの容器

4種類の粉末は，砂糖，食塩，デンプン，炭酸水素ナトリウムのいずれかである。

① 容器にそれぞれの粉末を入れ，右図のように弱火で加熱する。

② 水を入れた試験管に，それぞれの粉末を薬さじ1ぱい分ずつ入れ，よく振る。

③ ②の液にフェノールフタレイン溶液を数滴入れる。

<table>
<tr><th>結果</th><th>A</th><th>B</th><th>C</th><th>D</th></tr>
<tr><td>①</td><td>こげた</td><td colspan="2">白い粉末のまま</td><td>こげた</td></tr>
<tr><td>②</td><td colspan="2">とけた</td><td>少しとけた</td><td>とけない</td></tr>
<tr><td>③</td><td colspan="2">変色しない</td><td>赤色</td><td>変色しない</td></tr>
</table>

これが問われる!

Q1 ①で，AとDがこげたことから，これらが成分としてふくむ元素は？ **炭素**

Q2 水に少しとけて，Cの水溶液がフェノールフタレイン溶液に反応して赤色を示したことから，Cの物質は何？ **炭酸水素ナトリウム**

Q3 ①～③の結果から，Bの物質は何？ **食塩**

☑これもチェック!

□1　左の実験で，有機物（ゆうきぶつ）は砂糖と **デンプン** である。

有機物を，石灰水（せっかいすい）を入れたびんの中で燃焼（ねんしょう）させると，石灰水が白くにごるよ。

□2　体積が 4.0 cm^3 で，質量（しつりょう）が 31.5 g の金属がある。右の表から，この金属は **鉄** と考えられる。

金属	銀	銅	鉄	アルミニウム
密度（みつど）〔g/cm^3〕	10.5	8.96	7.87	2.70

□3　2 の表の 4 つの金属を同じ質量で比較（ひかく）すると，最も体積が大きいのは **アルミニウム** である。

□4　電気を通す，熱を伝える，磁石につく，みがくと光るのうち，金属に共通の性質でないものは **磁石につく** である。

»Q1　こげた物質をさらに加熱すると，燃えて二酸化炭素を発生する。A と D は成分として炭素をふくみ，有機物と考えられる。

»Q2，Q3　A は有機物で水にとけたことから砂糖。D のデンプンは有機物だが水にとけない。
B の食塩は無機物（むきぶつ）で，水にとけ中性を示す。水溶液がアルカリ性を示すのは炭酸水素ナトリウム。

物理の実験・観察
化学の実験・観察
生物の実験・観察
地学の実験・観察

第7位 酸・アルカリとイオン

例題 図のような装置をつくり，うすい水酸化ナトリウム水溶液をしみこませた糸をのせ，電流を流した。

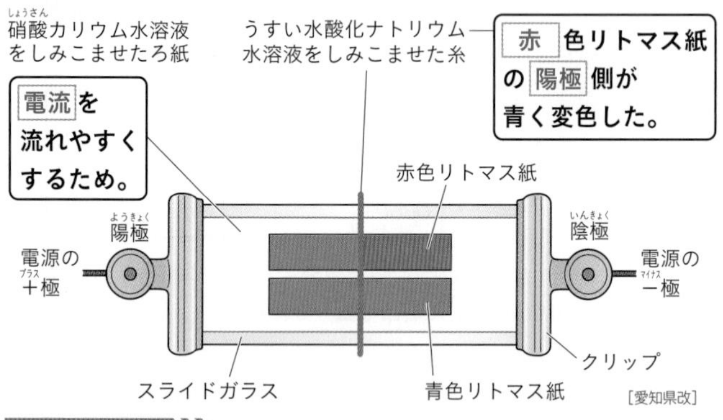

［愛知県改］

これが問われる!

□ **Q1** 水酸化ナトリウムは，水にとけるとどのように電離する？

$NaOH \longrightarrow Na^{+} + OH^{-}$

水酸化ナトリウム　ナトリウムイオン　水酸化物イオン

□ **Q2** リトマス紙の色を変えたのは何イオン？

水酸化物イオン

□ **Q3** 水溶液中で電離して水酸化物イオン OH^{-} を生じる物質を何という？

アルカリ

これもチェック!

□1 実験に用いた水酸化ナトリウム水溶液をしみこませた糸を，うすい塩酸をしみこませた糸に変えると，**青**色リトマス紙の**陰極**側が赤く変色した。

□2 塩酸は，塩化水素が水にとけて，$HCl \longrightarrow$ **H^+** $+Cl^-$と電離している。Cl^-は，**塩化物**イオンという。

□3 1で陰極側に引かれ，酸性を示すもとになるイオンは**水素**イオンH^+である。

□4 水溶液中で電離(でんり)して水素イオンH^+を生じる物質を**酸**という。

»Q1

電離して水素イオン(H^+)を生じる物質（酸）	電離して水酸化物イオン(OH^-)を生じる物質（アルカリ）
$H_2SO_4 \longrightarrow 2H^+ + SO_4^{2-}$ (硫酸(りゅうさん)) (水素イオン)(硫酸イオン) $HNO_3 \longrightarrow H^+ + NO_3^-$ (硝酸(しょうさん)) (水素イオン)(硝酸イオン) ↑ 酸性を示す原因	$KOH \longrightarrow K^+ + OH^-$ (水酸化カリウム)(カリウムイオン)(水酸化物イオン) $Ba(OH)_2 \longrightarrow Ba^{2+} + 2OH^-$ (水酸化バリウム)(バリウムイオン)(水酸化物イオン) ↑ アルカリ性を示す原因

»Q2 陰(いん)イオンは陽極に，陽(よう)イオンは陰極に引かれる。

第8位 銅の酸化と質量

例題 いろいろな質量の銅粉をそれぞれステンレス皿にうすく広げて入れ，十分に加熱したあとの質量を測定する。

空気中の酸素と結びつくと 酸化銅 になる。

加熱前の全体の質量は ステンレス 皿の質量＋ 銅 の質量。

加熱後にふえた質量は結びついた 酸素 の質量。

表

銅の質量〔g〕	0.4	0.8	1.2	1.6	2.0
加熱前の全体の質量〔g〕	21.7	22.1	22.5	22.9	23.3
加熱後の全体の質量〔g〕	21.8	22.3	22.8	23.3	23.8

これが問われる！

□Q1 銅が空気中の酸素と結びついて酸化銅ができる変化の化学反応式は？ $2Cu + O_2 \longrightarrow 2CuO$

□Q2 上の表をもとに，銅と，結びついた酸素との質量の関係をグラフに表すと？

酸素の質量〔g〕 0 0.1 0.2 0.3 0.4 0.5 0.6
銅の質量〔g〕 0 1.0 2.0

□Q3 銅と，結びついた酸素の質量比は？ 4：1

これもチェック!

□1　銅粉を加熱するとき，ステンレス皿にうすく広げるのは，空気中の酸素と **よくふれさせる** ためである。

□2　赤色の銅粉は，加熱するとしだいに **黒** 色に変化する。

□3　左ページの表から，銅と酸化銅の質量の関係を表すグラフをかくと右のようになる。

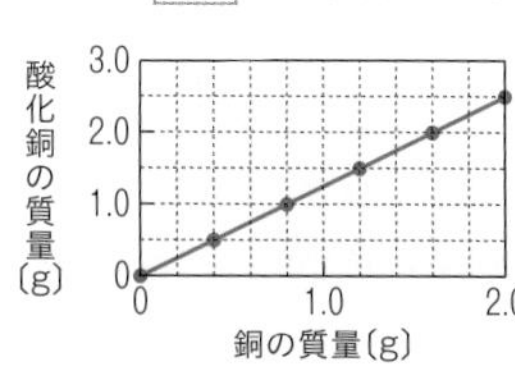

□4　右上のグラフより，銅と酸化銅の質量比は **4：5** 。

□5　銅粉 6.0 g が完全に酸化すると，酸化銅は **7.5** g できる。

»Q1　銅原子を●，酸素原子を○として，銅の酸化をモデルで表すと，

●　●　＋　○○　⟶　●○　●○
（銅）　（酸素）　（酸化銅）

»Q2，Q3　加熱前後の全体の質量の変化量が，結びついた酸素の質量である。銅の質量が 0.4 g のとき，
結びついた酸素は 21.8 g−21.7 g＝0.1 g である。
同様に，0.8 g の銅には 22.3 g−22.1 g＝0.2 g の酸素が結びつく。こうして，グラフをかくことができる。
銅と結びつく酸素の質量比は，0.4：0.1＝4：1 である。

第9位 化学変化と質量の関係

例題 うすい塩酸と炭酸水素ナトリウムを反応させ，化学変化の前後で質量が変化しているかを調べる。

①密閉できる容器の中の固定された小さな容器にうすい塩酸を，容器の底には炭酸水素ナトリウムを入れて密閉し，質量をはかったところa〔g〕であった。

②その後，密閉した容器を傾けて炭酸水素ナトリウムにうすい塩酸を加えると，気泡が発生した。

③気泡が発生したあと，密閉した容器全体の質量をはかると，b〔g〕であった。

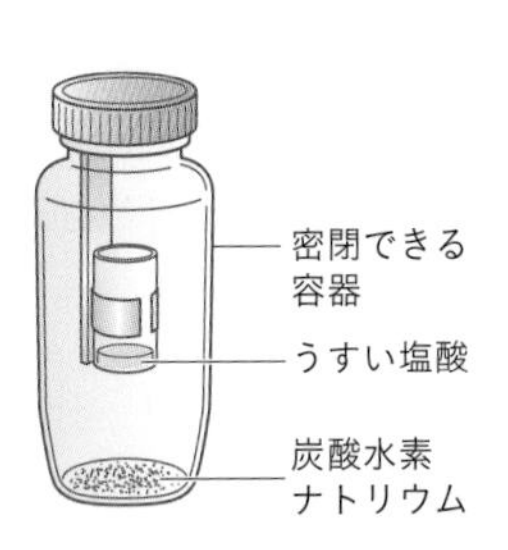

［高知県改］

これが問われる!

□ **Q1** 実験で測定した質量a，bの大きさの関係を，等号，または不等号の式で表すと？ **$a=b$**

□ **Q2** この実験で起こった化学変化の前後で，物質をつくる原子の組み合わせは変化したか？ **変化した。**

□ **Q3** この実験で起こった化学変化の前後で，原子の種類や数は変化したか？ **変化しなかった。**

これもチェック！

□1　化学変化の前後では，物質全体の質量が変わらない。このことを **質量保存** の法則という。

□2　実験で気体が発生したあとの密閉容器のふたを開けて質量をはかると，その質量はb〔g〕と比べて〔変わらない　大きい　(小さい)〕。

□3　2のようになるのは，密閉容器内で発生した気体が **外へ逃げた** から。

□4　右図の２つの水溶液を混ぜ合わせたとき，沈殿ができるが，化学変化の前後で，全体の質量は **変化しない** 。

»Q1

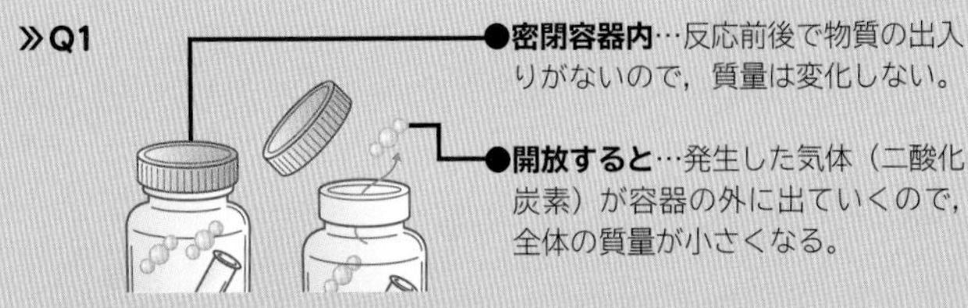

●**密閉容器内**…反応前後で物質の出入りがないので，質量は変化しない。

●**開放すると**…発生した気体（二酸化炭素）が容器の外に出ていくので，全体の質量が小さくなる。

»**Q2，Q3**　化学変化の前後で原子の種類や数は変化しない。

$$NaHCO_3 + HCl \longrightarrow NaCl + H_2O + CO_2$$

炭酸水素ナトリウム　塩酸　塩化ナトリウム　水　二酸化炭素

塩化銅水溶液・塩酸の電気分解

例題 塩化銅水溶液を電気分解し，陰極と陽極の変化を調べる。

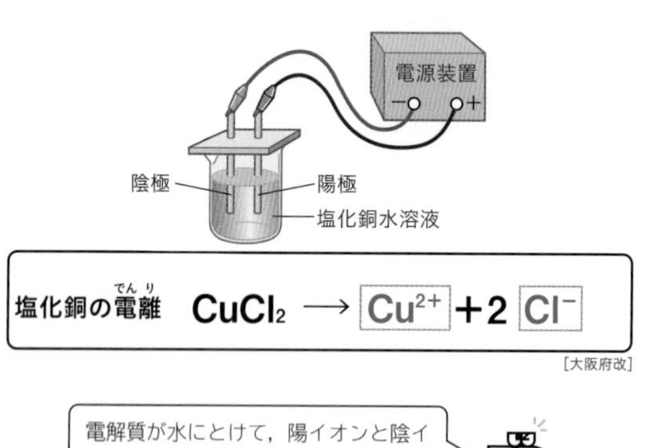

塩化銅の電離　$CuCl_2 \longrightarrow \boxed{Cu^{2+}} + 2\,\boxed{Cl^-}$

［大阪府改］

電解質が水にとけて，陽イオンと陰イオンに分かれるのが「電離」だね。

これが問われる!

- **Q1** 水溶液中に存在する銅イオンは，銅の原子が何を２個失ったもの？　**電子**
- **Q2** 銅が付着したのは，陰極と陽極のどっち？　**陰極**
- **Q3** 銅が付着しなかった極から発生したにおいのある気体は何？　**塩素**

これもチェック!

□1 塩化銅の電離で生じた塩化物イオンは，陽極に引かれ，塩素原子となり，それが2個結びついて塩素分子となる。

□2 塩化銅水溶液の電気分解で，陽極付近の水溶液を赤インクに滴下すると，色が消える。

□3 右図のように塩酸を電気分解すると，陰極から水素が，陽極から塩素が発生する。

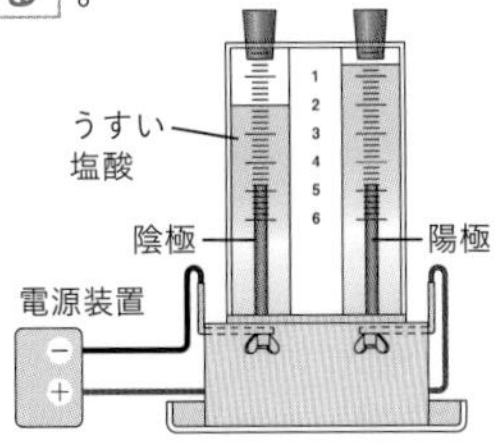

□4 塩酸の溶質である塩化水素の電離を化学式を用いて表すと，
HCl $\longrightarrow$ H^+ + Cl^- となる。

»Q1 銅イオンは銅原子が電子を2個失ったものである。
$Cu \longrightarrow Cu^{2+} + 2e^-$　e^-は電子を表す。

»Q2 銅イオンCu^{2+}は陽イオンなので，電極の陰極に付着する。そのため，陰極の表面には赤色の銅が見られる。

»Q3 塩化銅水溶液中の塩化物イオンCl^-は陰イオンなので陽極に引かれ，塩素原子（Cl）$\longrightarrow$塩素分子（Cl_2）となり，気体となって出ていく。

第11位 発熱反応・吸熱反応

例題 鉄粉と活性炭をビーカーに入れて，食塩水をスポイトで5，6滴加えてガラス棒でかき混ぜ，温度のようすを調べた。

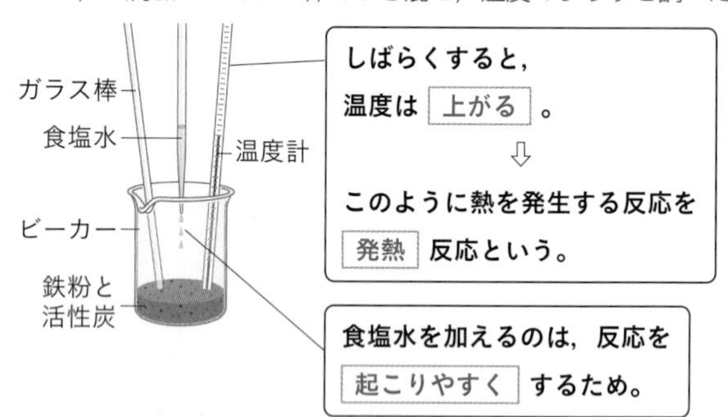

これが問われる!

Q1 実験では，鉄粉と酸素が結びつく。このような化学変化を何という？ **酸化**

Q2 このときの反応を式で表すとき，熱の矢印は，①，②のどちらで表すのがよい？ **②**

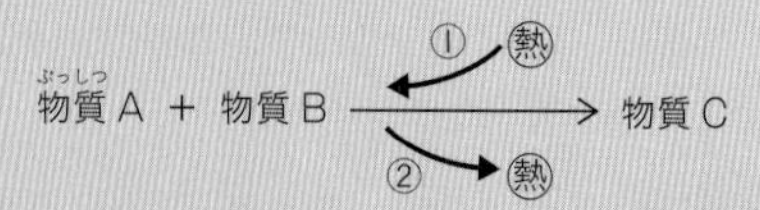

Q3 この実験では，物質がもっている何エネルギーを熱エネルギーとしてとり出している？ **化学エネルギー**

これもチェック!

□1　左の実験と同じ反応を日常生活に利用しているものは，加熱式弁当，化学かいろ，瞬間冷却パックのうち **化学かいろ** である。

□2　右図のように，ビーカーに塩化アンモニウムと水酸化バリウムを入れ，ガラス棒でかき混ぜた。このとき温度は **下がる** 。このように周囲の熱を吸収する反応を **吸熱** 反応という。

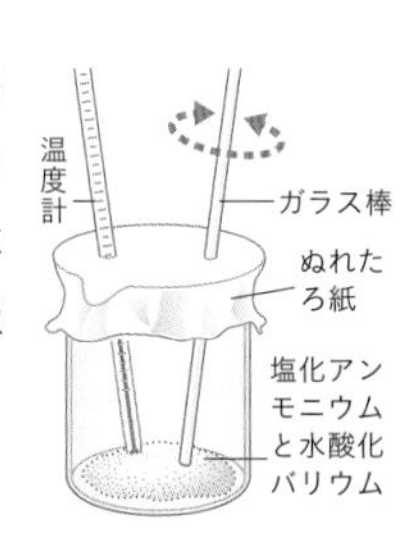

□3　2の実験で発生する気体は，**アンモニア** である。

»Q1 物質 ＋ 酸素 —(酸化)→ 酸化物

酸化のうち熱や光を激しく出すものを燃焼という。

»Q2 一般に化学変化が起こるとき，熱の出入りがあり，温度が上がる場合と下がる場合がある。発熱反応は温度が上がり，吸熱反応は温度が下がる。

〈発熱反応〉	〈吸熱反応〉
・有機物の燃焼	・炭酸水素ナトリウム＋クエン酸
・酸とアルカリの中和	・塩化アンモニウム＋水酸化バリウム
・酸化カルシウム＋水	

第12位 中和

例題 水酸化ナトリウム水溶液 10 cm^3 に BTB 溶液を加え，うすい塩酸を少しずつ加えていき，水溶液の性質を調べた。

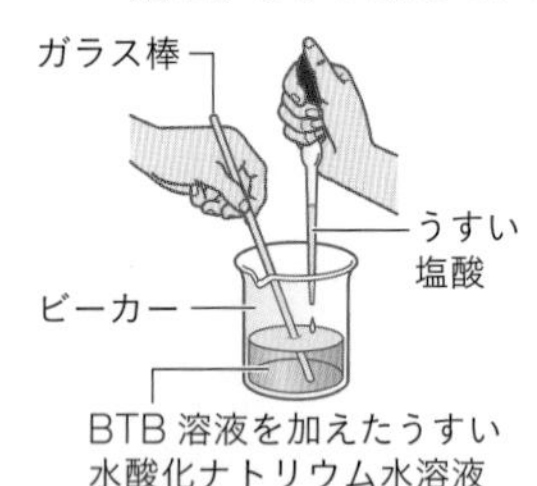

うすい塩酸を 5 cm^3 加えるごとにできた水溶液の色は次の表のようになった。

中和したときの水溶液の性質は 中性 。

うすい塩酸の体積〔cm^3〕	0	5	10	15	20
できた水溶液の色	青色	うすい青色	緑色	うすい黄色	黄色

［三重県改］

これが問われる!

Q1 うすい塩酸を 10 cm^3 加えたときにできた水溶液の pH の値を整数で表すと？ **7**

Q2 加えた塩酸の体積に比例して数が増加するイオンを化学式で書くと？ **Cl^-**

Q3 加えた塩酸の体積に関係なく，数が変化しないイオンを化学式で書くと？ **Na^+**

これもチェック!

□1 うすい塩酸の体積が 0 cm^3 のとき水溶液が青色であるから，水酸化ナトリウム水溶液は **アルカリ** 性とわかる。

□2 左ページの表で水溶液が緑色になったとき，水溶液は完全に **中和** している。

□3 2の水溶液をスライドガラスの上に1滴(てき)とり，水を蒸発させると， **塩化ナトリウム** の白い粒(つぶ)が得られる。

□4 うすい塩酸を 20 cm^3 加えた水溶液にマグネシウムリボンを入れると，マグネシウムリボンは **とけて** ，気体が発生する。この気体は **水素** である。

»Q1 pHの値は，中性で7，7より小さいと酸性，7より大きいとアルカリ性。

»Q2, Q3 各イオンの増減をグラフに表すと右のようになる。水酸化物イオン OH^- は中性になるまで減り続け，中性で0となる。

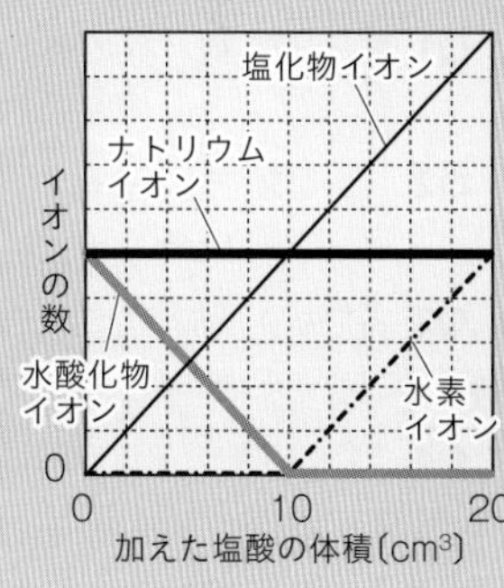

マグネシウムの酸化と質量

例題 A～C 班ごとにマグネシウムの加熱と質量測定をくり返し，質量の増加がなくなるまで行った。

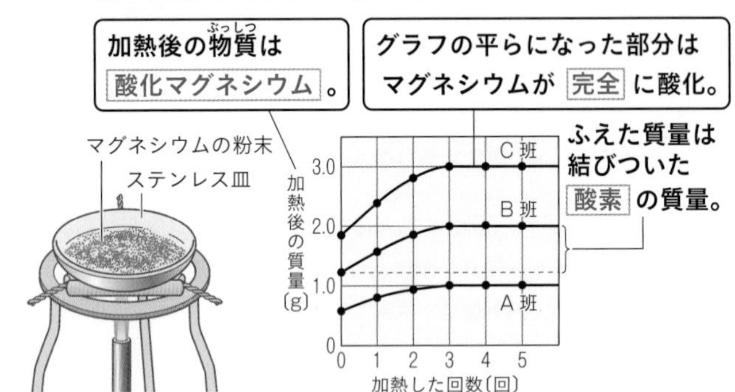

［A 班は 0.6 g, B 班は 1.2 g, C 班は 1.8 g のマグネシウムの粉末を加熱した。］

これが問われる!

Q1 酸化マグネシウムの色は？

白色

Q2 この実験で起こる化学変化は？

マグネシウム＋ **酸素** ⟶ **酸化マグネシウム**

Q3 各班が 1 回加熱したときに，ステンレス皿にある物質は？

マグネシウムと酸化マグネシウム

Q4 1.2 g のマグネシウムは，最大で何 g の酸素と結びついた？

0.8 g

☑これもチェック！

□1 実験でマグネシウムが完全に酸素と結びついたときの，マグネシウムと酸化マグネシウムとの質量の関係をグラフに表すと，右のようになる。

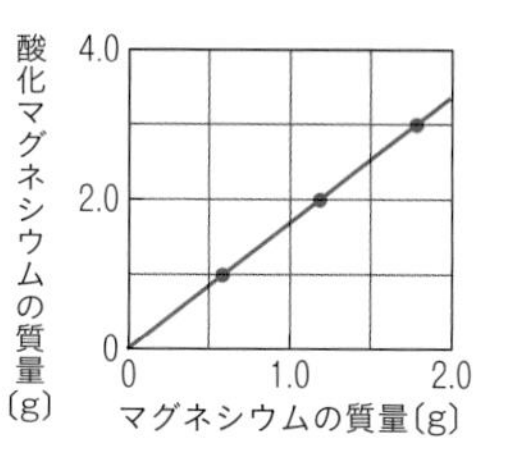

□2 実験から，マグネシウムと酸化マグネシウムの最も簡単な質量比は **3：5** である。

□3 **2**より，マグネシウムと，結びつく酸素の最も簡単な質量比は **3：2** である。

□4 2.4 g のマグネシウムを左の実験と同じように完全に酸化させると，できる酸化マグネシウムの質量は **4.0 g** である。

»Q2 マグネシウム原子を◎，酸素原子を○とし，この実験の反応をモデルと化学反応式(かがくはんのうしき)で表すと，次のようになる。

◎ ◎ ＋ ○○ ⟶ ◎○ ◎○

$2Mg + O_2 \longrightarrow 2MgO$

»Q3 1回加熱したときは，まだ酸化されていないマグネシウムと酸化マグネシウムの両方が皿にある。

»Q4 酸化マグネシウムの質量－マグネシウムの質量＝酸素の質量より，2.0 g－1.2 g＝0.8 g

第14位 炭酸水素ナトリウムの分解

例題 試験管に入れた炭酸水素ナトリウムを加熱し，出てくる気体を別の試験管に集める。

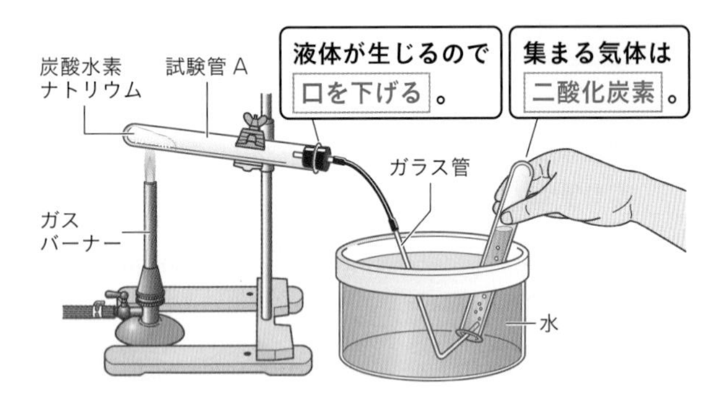

これが問われる!

- Q1 試験管Aの口付近の液体に，青色の塩化コバルト紙をつけたときの色の変化は？ **赤色に変わる。**（桃色，うすい赤色）
- Q2 出てきた気体を集めた試験管に石灰水を入れ，よく振るとどうなるか？ **白くにごる。**
- Q3 炭酸水素ナトリウムが分解されてできる物質は？ 固体 **炭酸ナトリウム**・液体 **水**・気体 **二酸化炭素**

これもチェック!

□1　試験管Aに残った **白** 色の粉末は，炭酸ナトリウム。

□2　炭酸ナトリウムを水にとかし，フェノールフタレイン溶液を加えると，濃い **赤** 色を示す。

□3　できた炭酸ナトリウムは水にとけて，炭酸水素ナトリウム水溶液よりも **強い** アルカリ性を示す。

□4　試験管Aの口を下げる理由は，加熱部分に，生じた **水が流れるのを防ぐ** ため。

□5　炭酸水素ナトリウムの分解を化学反応式で表すと

$$2NaHCO_3 \longrightarrow Na_2CO_3 + CO_2 + H_2O$$

炭酸ナトリウム　二酸化炭素　水

» Q1〜Q3　炭酸水素ナトリウムが，3種類の物質に分かれた。このような化学変化を分解（熱分解）という。

» Q3　炭酸水素ナトリウムと炭酸ナトリウムは別の物質である。

» 実験上の注意点

ガラス管を水に入れたまま火を消すと，加熱していた試験管に水が逆流し，危険である。

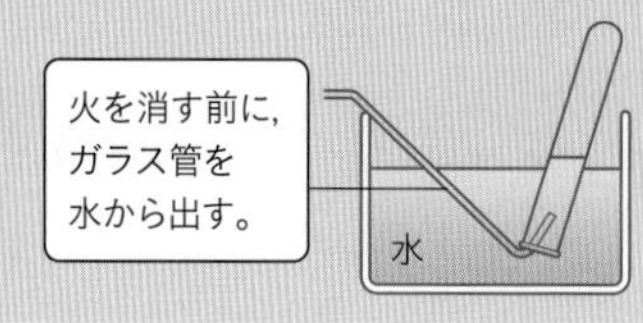

第15位 蒸留(じょうりゅう)の実験

例題 水 15 cm³ とエタノール 10 cm³ の混合物(こんごうぶつ)を図のような装置で加熱し，蒸気の温度を測定しながら蒸留する。

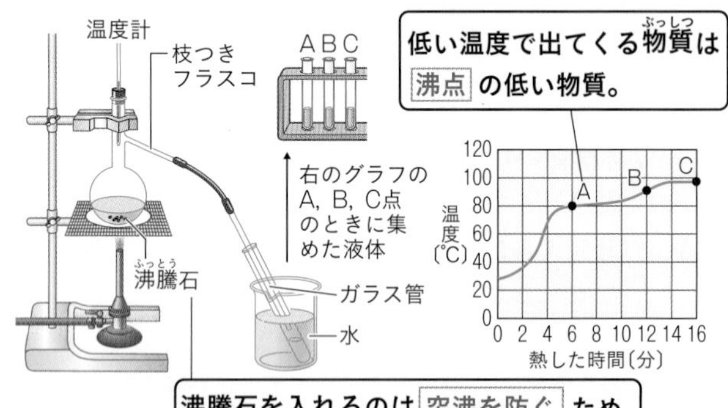

これが問われる!

- **Q1** 温度計の球部は枝つきフラスコ内のどの位置にくるようにする？ **枝の部分**
- **Q2** エタノールが最も多くふくまれている試験管は？ **A**
- **Q3** 水とエタノールで沸点(ふってん)が低いのは？ **エタノール**
- **Q4** 蒸留では，混合物を分離(ぶんり)するために，物質の何のちがいを利用している？ **沸点**

第16位 再結晶の実験

例題 下のグラフの３種類の物質を60 ℃の水にとかし，冷却して，水溶液から結晶をとり出す。

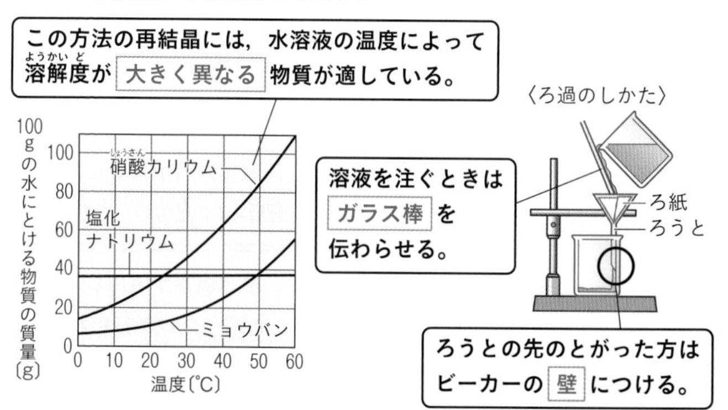

これが問われる!

□ **Q1** 固体の物質をいったん水にとかし，温度を下げるなどして結晶としてとり出す操作を何という？ **再結晶**

□ **Q2** 60 ℃の水 100 g に，上のグラフの３種類の物質を飽和するまでとかした溶液を 20 ℃まで下げると，最も多く結晶が出てくるのはどれ？ **硝酸カリウム**

□ **Q3** 上のグラフの３種類の物質のうち，水溶液の温度を下げて結晶をとり出す操作が適するのは？ すべて答えよ。

［硝酸カリウム，ミョウバン，塩化ナトリウム］

第1位 光合成・呼吸の実験

例題　息をふきこんで緑色にしたBTB溶液を入れた試験管にオオカナダモを入れた。これらを日光に当て，光合成で使われる気体を調べた。

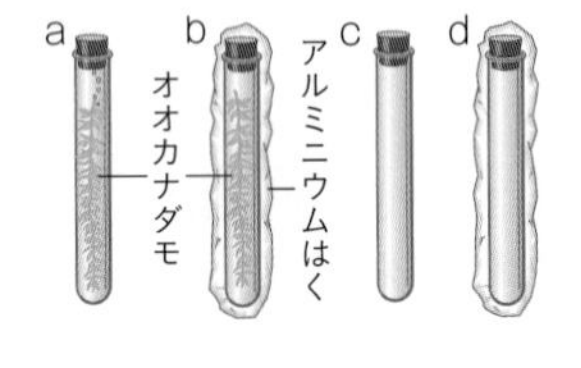

試験管	オオカナダモ	日光	BTB溶液
a	あり	あり	青色に変化
b	あり	なし	黄色に変化
c	なし	あり	変化なし
d	なし	なし	変化なし

二酸化炭素が減少した。
呼吸より **光合成** がさかん。

二酸化炭素が増加した。
呼吸 だけが行われた。

これが問われる!

□ **Q1** 試験管aのBTB溶液の色の変化から，光合成で使われた気体は何？

二酸化炭素

□ **Q2** オオカナダモを入れない試験管c，dを用意したのは，どんなことを確かめるため？

BTB溶液の色の変化がオオカナダモのはたらきによること。

□ **Q3** **Q2**のような実験を何という？

対照実験

☑これもチェック!

□□1　下の図は，アジサイの葉を使って呼吸のはたらきを調べた実験のようすである。袋(ふくろ)を暗いところに置くのは，**光合成** をしないようにするためである。

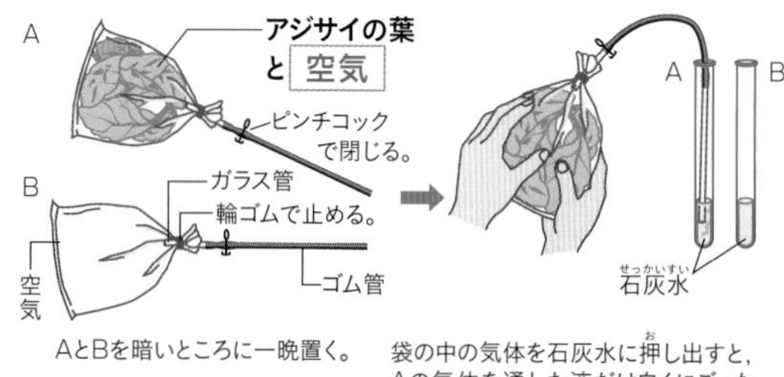

AとBを暗いところに一晩置く。　袋の中の気体を石灰水に押(お)し出すと，Aの気体を通した液だけ白くにごった。

□□2　1の実験で，石灰水を白くにごらせた気体は，アジサイの呼吸によって出された **二酸化炭素** である。

»Q1　呼気には二酸化炭素がふくまれているので，緑色にしたBTB溶液には息をふきこむ前よりも多く二酸化炭素がとけている。

»Q2　試験管c，dを用意することで，試験管a，bの色の変化がオオカナダモのはたらきによることが確かめられる。

»Q3　調べたい条件（この実験ではオオカナダモがあること）以外の条件を同じにして行う実験を対照実験という。

第2位 動物のなかま分け

例題 イカとアジを解剖(かいぼう)し，無脊椎動物(むせきついどうぶつ)と脊椎動物(せきついどうぶつ)のからだのつくりを調べた。

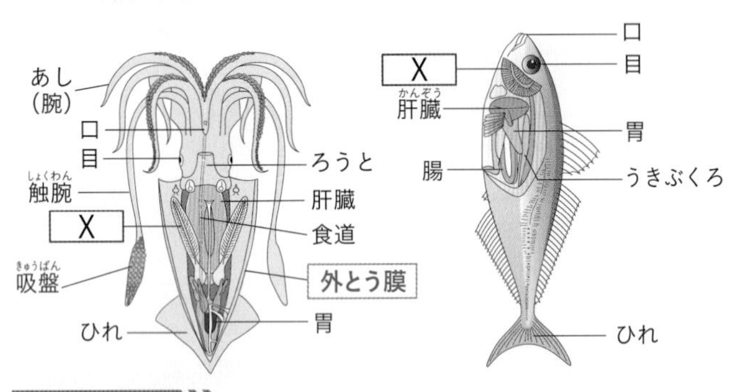

これが問われる!

- Q1 イカや貝のように内臓をおおう外(がい)とう膜(まく)をもつ無脊椎動物のなかまを何という？ **軟体動物**
- Q2 イカには，外骨格(がいこっかく)がある？　ない？ **ない**
- Q3 [X]には同じ器官(きかん)名が入る。その器官名は？ **えら**
- Q4 イカとアジはいずれも，卵(らん)を産んでなかまをふやす。このようななかまのふえ方を何という？ **卵生**

この図もおさえる!

▶ 動物のなかま分け

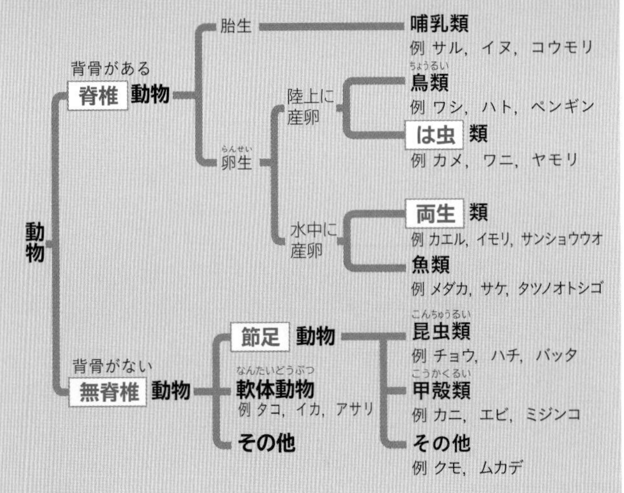

▶ 脊椎動物

	魚類	両生類	は虫類	鳥類	哺乳類
ふえ方	卵生（卵に殻がない）	卵生（卵に殻がない）	卵生（卵に殻がある）	卵生（卵に殻がある）	**胎生**
呼吸	えらで呼吸	幼生は**えらと皮膚**，成体は肺と皮膚で呼吸	**肺**で呼吸	肺で呼吸	肺で呼吸
体表	うろこ	しめった皮膚	かたいうろこ	**羽毛**	毛

第3位 遺伝の法則と規則性

例題 代々丸い種子をつくるエンドウPと代々しわのある種子をつくるエンドウQをかけ合わせ，遺伝について調べた。丸い種子をつくる遺伝子をA，しわのある種子をつくる遺伝子をaとする。

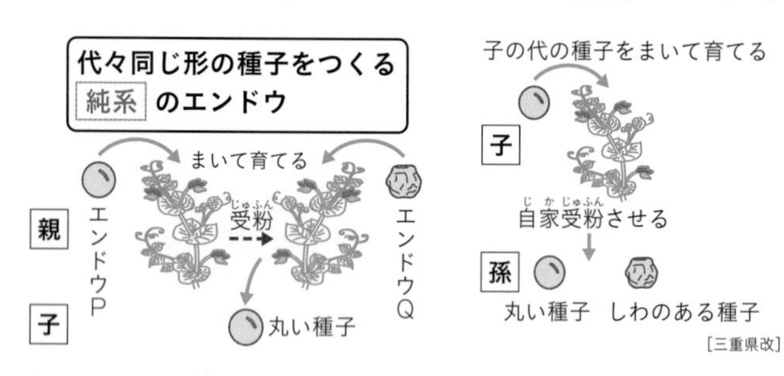

［三重県改］

これが問われる!

□ **Q1** 子の代の種子はすべて丸い種子になった。丸い形質を何という？ **顕性形質**

□ **Q2** 子の代がもつ遺伝子の組み合わせは？ **Aa**

□ **Q3** 孫の代の丸い種子がもつ遺伝子の組み合わせは？ **AA，Aa**

□ **Q4** 遺伝子の本体となる物質を，アルファベット3文字で何という？ **DNA**

▶親から子，子から孫への遺伝子の伝わり方

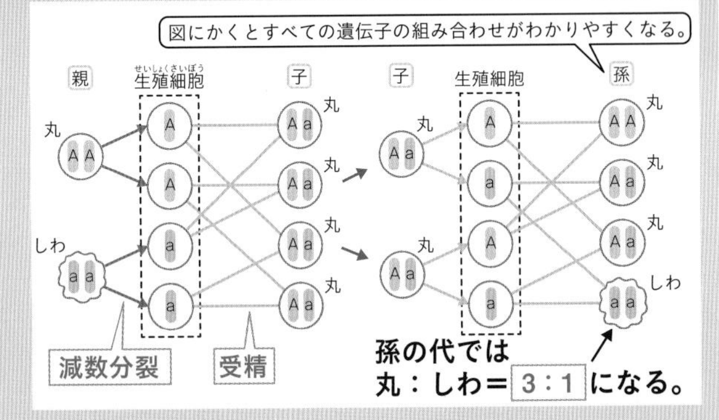

▶進化とその証拠

進化…生物の特徴が，長い年月の間に変わっていくこと。

進化の証拠　①**相同器官**…現在の形がちがっても，もとは同じ器官であったと考えられるもの。

②化石…生物の死がいなどが地層に残されたもの。

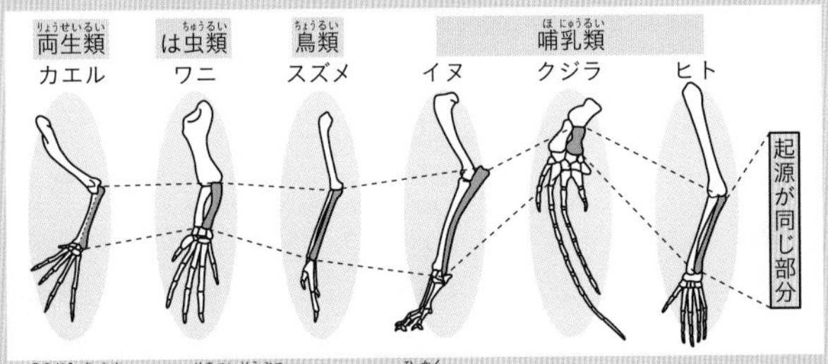

▲相同器官の例（脊椎動物の前あしの比較）

第4位 植物のなかま分け

例題 植物を観察し，それぞれの特徴に合わせてなかま分けをした。

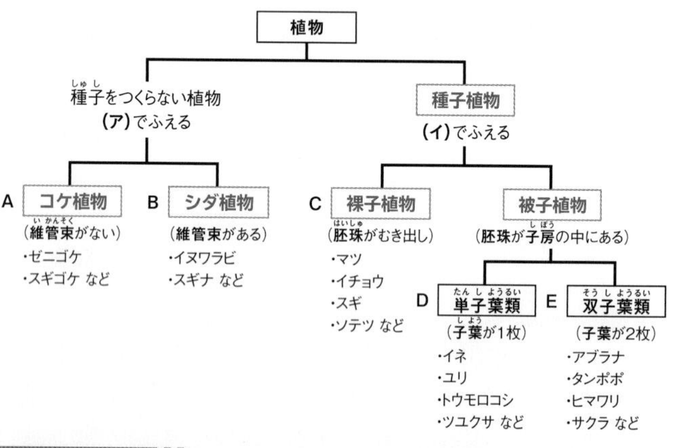

これが問われる!

Q1 （ア）に入るのに適している語は？

胞子

Q2 （イ）に入るのに適している語は？

種子

Q3 クスノキは花をさかせ，種子をつくってふえ，葉脈は網状脈である。クスノキはA~Eのどのなかまに分類できる？

E

この図もおさえる!

▶ 単子葉類と双子葉類

	葉脈	茎の維管束	根
単子葉類	平行脈	散らばっている	ひげ根
双子葉類	網状脈	輪のように配置	主根と側根

双子葉類はさらに，合弁花類（花弁がたがいにくっついている）と離弁花類（花弁が１枚１枚離れている）に分けることがある。

▶ シダ植物とコケ植物

シダ植物…維管束が **ある** 。根・茎・葉の区別が **ある** 。
コケ植物…維管束が **ない** 。根・茎・葉の区別が **ない** 。

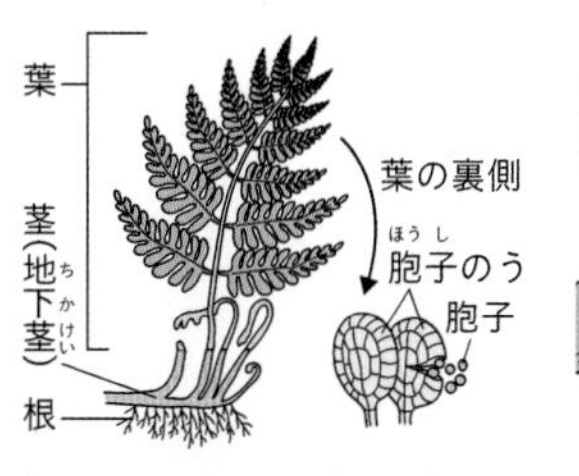

▲イヌワラビのからだのつくり

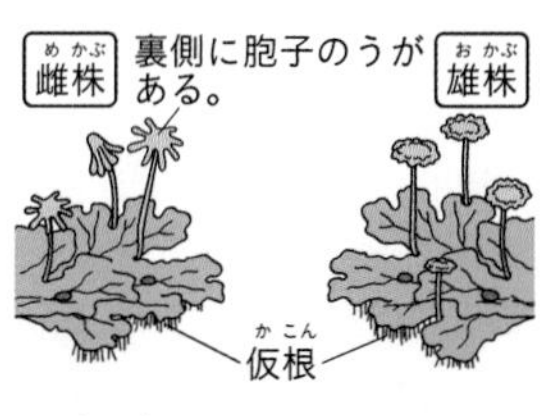

▲ゼニゴケのからだのつくり

第5位 身近な生物の観察

例題 図1のようにプレパラートをつくり，微生物(びせいぶつ)を顕微鏡(けんびきょう)で観察したところ，図2のように微生物は視野の左上に見えていた。

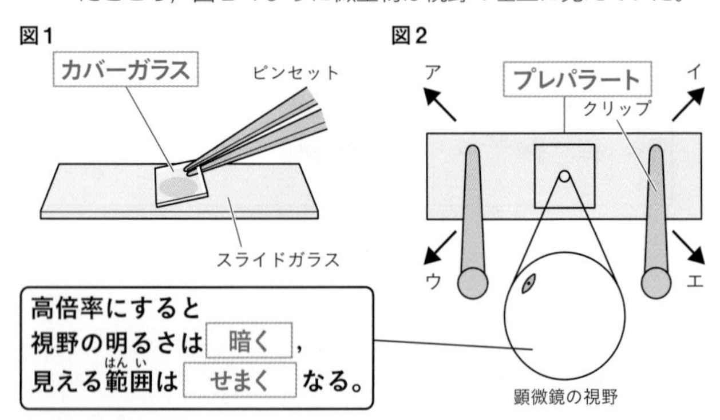

これが問われる!

- Q1 プレパラートをつくるとき，カバーガラスを片方の端(はし)からゆっくりとかぶせるのはなぜ？
  気泡が入らないようにするため。
- Q2 倍率が7倍の接眼レンズを使用し，微生物を70倍で観察するには，何倍の対物レンズを使用する？ **10倍**
- Q3 視野の左上に見えている微生物を視野の中央に動かしたい。プレパラートは図2のア～エのどの方向に動かせばよい？ **ア**

この図もおさえる!

▶ ルーペの使い方

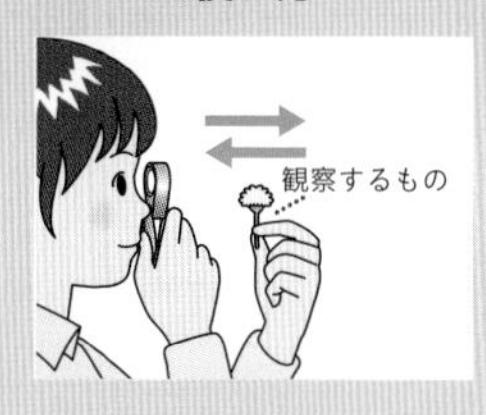

ピントの合わせ方…ルーペは目とレンズが平行になるように目に **近づけて** 持ち，観察するものを動かす。（観察するものが動かせる場合）

▶ 顕微鏡の名称（左：ステージ上下式顕微鏡，右：鏡筒上下式顕微鏡）

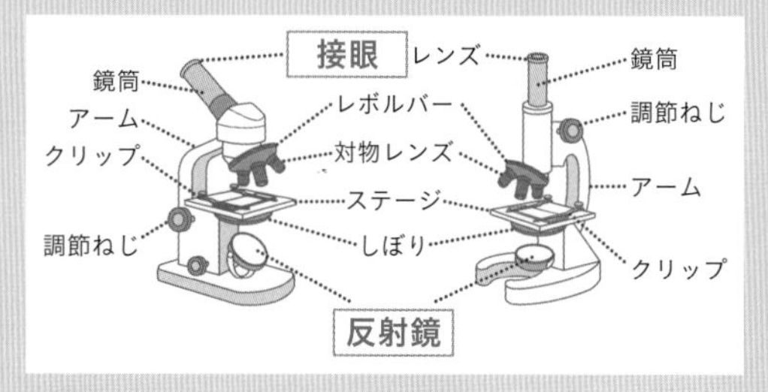

顕微鏡の倍率＝接眼レンズの倍率× 対物レンズ の倍率

▶ 水中の小さな生物

ミカヅキモ　イカダモ　ゾウリムシ　ミジンコ

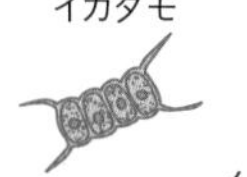

緑 色をしている。
葉緑体をもち，光合成をする。
動かない。

よく 動く 。

第6位 だ液のはたらき

例題　だ液がデンプンを分解するはたらきを，ヨウ素液とベネジクト液を使って調べた。

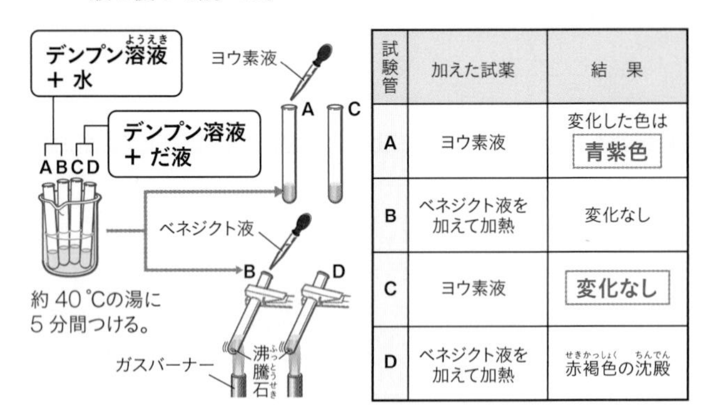

試験管	加えた試薬	結　果
A	ヨウ素液	変化した色は **青紫色**
B	ベネジクト液を加えて加熱	変化なし
C	ヨウ素液	**変化なし**
D	ベネジクト液を加えて加熱	赤褐色の沈殿

これが問われる!

□ **Q1** ヨウ素液を加えたのは，どんなことを確かめるため？

デンプンがあるかどうかを確かめるため。

□ **Q2** ベネジクト液は，何という物質を検出するための試薬？

糖

□ **Q3** BとDの実験結果を比べてわかることは？

だ液のはたらきで別の物質（糖）ができたこと。

これもチェック!

□1　A～Dの試験管を約40℃の湯につけたのは，**だ液**がよくはたらく温度だからである。

□2　B，Dの試験管に沸騰石を入れて加熱したのは，急に**沸騰**して液体が飛び出すのを防ぐため。

□3　実験の結果から，だ液には**デンプン**を別の物質（糖）に変えるはたらきがあることがわかる。

□4　だ液などの**消化液**にふくまれ，自分自身は変化しないで，食物にふくまれる養分を分解するはたらきをもつ物質を**消化酵素**という。

□5　だ液には**アミラーゼ**という消化酵素（しょうかこうそ）がふくまれている。

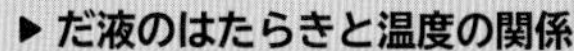

この図もおさえる!

▶ **だ液のはたらきと温度の関係**

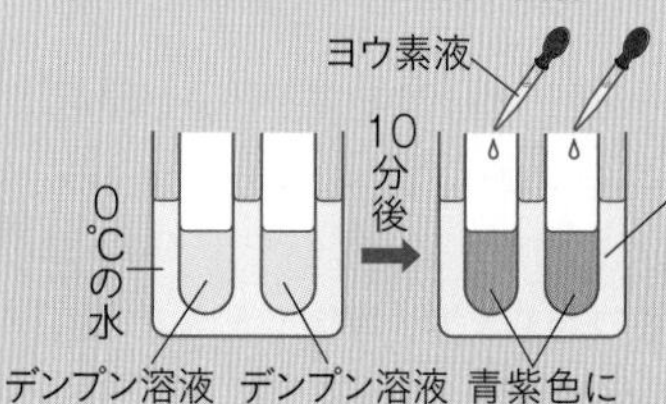

デンプンが**変化せず残る**。

だ液にふくまれる消化酵素は温度が低いとほとんどはたらかず，温度が高すぎるときははたらきを失う。

ヒトの刺激と反応調べ

例題 ものさしが落ちるのを目で見てから，ものさしをつかむまでの時間を測定した。

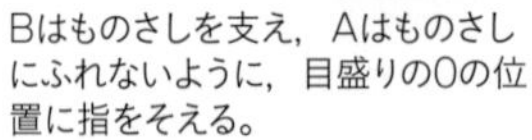
Bはものさしを支え，Aはものさしにふれないように，目盛りの0の位置に指をそえる。

Bが突然ものさしを放したとき，Aがものさしをどこでつかめるかを調べる。

表Ⅰ

回数〔回〕	1	2	3	4	5	平均
測定した距離〔cm〕	16.2	17.5	13.3	14.9	15.5	15.5

表Ⅱ

ものさしが落ちる距離〔cm〕	5	10	15	20	25
ものさしが落ちるのに要する時間〔秒〕	0.10	0.14	0.17	0.20	0.23

これが問われる！

□ **Q1** ものさしが落ちるのを見てから，つかむという反応が起こるまでの時間は，表Ⅱの数値で最も近いものはどれ？ **0.17秒**

□ **Q2** 落ち始めたものさしをつかむまでの刺激や命令が，脳・目・筋肉の間を伝わった順は？ **目** → **脳** → **筋肉**

☑これもチェック!

□1 意識して起こる反応にかかる時間を計測する実験を３回行った。表は実験の結果をまとめたものである。［鹿児島県改］

手順１ 図のように，５人がそれぞれの間で棒を持ち，輪になる。

手順２ Aは右手でストップウォッチをスタートさせると同時に，右手で棒を引く。左手の棒を引かれたBは，すぐに右手で棒を引く。C～EもBと同じ動作を次々に続ける。

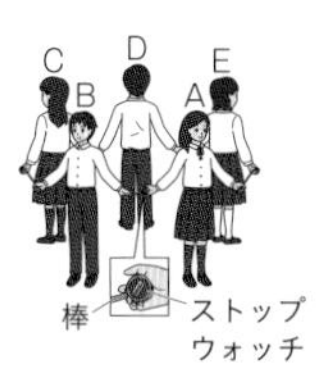

手順３ Aは左手の棒を引かれたらすぐにストップウォッチを止め，かかった時間を記録する。

刺激を受けてから反応を行うまでの時間の1人あたりの平均は1.42 s÷ **5** =0.284 s
小数第３位を四捨五入して小数第２位までで答えると， **0.28** 秒である。

回数	結果〔秒〕
1回目	1.46
2回目	1.39
3回目	1.41
平均	1.42

□2 熱いやかんに手がふれたときに思わずその手を引っこめてしまう反応では， **脊髄** から直接命令が出される。

»Q1 表Ⅰより，測定した距離は平均15.5 cm，この距離をものさしが落ちるのに要した時間は表Ⅱから，15 cmのときの0.17秒。よって刺激が伝わり反応を起こすまでの時間は約0.17秒。

»Q2 刺激や命令は右のように伝わる。

目 →（刺激）感覚神経(かんかくしんけい)→ 脳 →（命令）運動神経(うんどうしんけい)→ 筋肉

第8位 生物と環境

例題 下の図は，自然界における炭素の循環を模式的に表したものである。

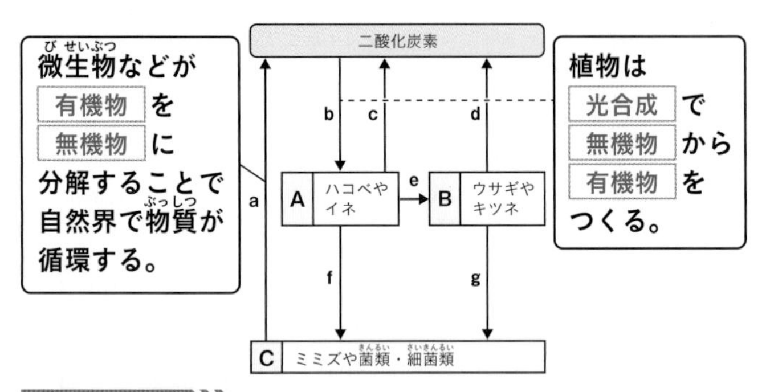

これが問われる!

□ **Q1** A~Cは，分解者，生産者，消費者のいずれかである。それぞれ何か？

A **生産者**　B **消費者**　C **分解者**

□ **Q2** a~gの矢印のうち，有機物としての炭素の移動を表しているのはどれ？　すべて答えなさい。

e, f, g

□ **Q3** 光合成による炭素の移動を表している矢印はどれ？

b

これもチェック！

□□ **1**　ある生態系(せいたいけい)で，植物（Ⅰ），草食動物（Ⅱ），肉食動物（Ⅲ）の数量的関係を模式的に表すと，図1のようなピラミッド形になる。図2のAのように草食動物が減少すると，B→C→Dの順に数量が変化し，最終的には図1のつり合いのとれた状態にもどる。　［茨城県］

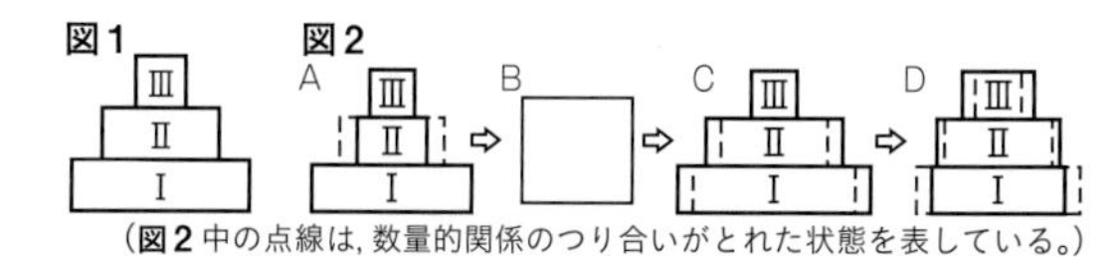

（**図2**中の点線は，数量的関係のつり合いがとれた状態を表している。）

図2のBにあてはまる図は，次のア～エのうち，**ウ** である。

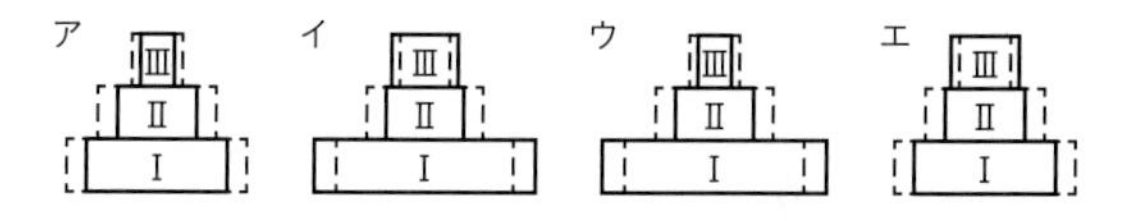

□□ **2**　菌類・細菌類のように，生物の死がいやふんなどから養分を得ている生物は，**分解者** とよばれる。

□□ **3**　〔ダンゴムシ　（アオカビ）〕は菌類のなかま，〔（乳酸菌）　トビムシ〕は細菌類のなかまである。

蒸散の実験

例題　葉の大きさや数が同じホウセンカを用いて，葉の表や裏にワセリンをぬり，蒸散量を調べた。

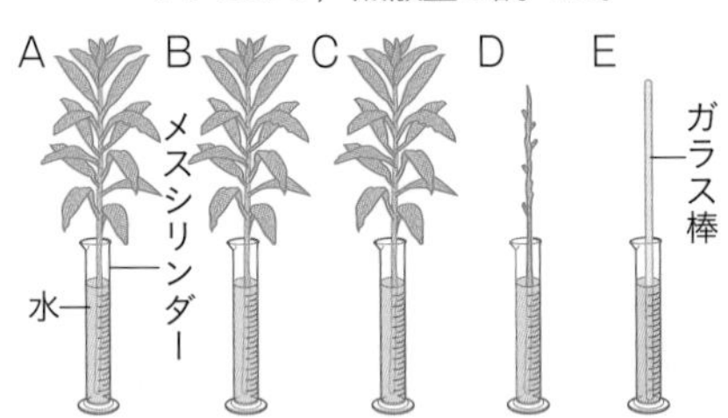

A ワセリンをぬらない。
B 葉の裏だけにワセリンをぬる。
C 葉の表だけにワセリンをぬる。
D 葉を切りとり，切り口にワセリンをぬる。
E ホウセンカの茎と同じ太さのガラス棒を入れる。

［富山県改］

ワセリンは水を通さないのでワセリンをぬった部分からは 蒸散 できない。

	A	B	C	D	E
一定時間後の水の減少量〔cm^3〕	x	5.0	13.0	1.0	0.2

これが問われる!

□ **Q1** 蒸散とは，どのような現象？

根から吸収した水が水蒸気になって気孔から出ていく現象。

□ **Q2** 表のBとDの数値の差は，どこからの蒸散量？

葉の表

□ **Q3** ホウセンカの葉の表と裏で，蒸散量はどちらが多い？

葉の裏

これもチェック!

□1　表のEの数値は，**水面** から蒸発した水の量を表す。

□2　表のDとEの数値の差は，**茎** からの蒸散量を表す。

□3　葉の表からの蒸散量はB－Dより4.0 cm^3，
葉の裏からの蒸散量はC－Dより **12.0** cm^3，
茎からの蒸散量はD－Eより **0.8** cm^3，
水面からの蒸発量はEより0.2 cm^3 だから，
表の x にあてはまる数値は合計して **17.0** である。

□4　気孔(きこう)の数は，ふつう葉の **裏** 側に多い。

□5　葉から水が蒸散することは，根からの **水** や水にとけた **肥料分** の吸収に役立っている。

»Q2 それぞれどこから蒸散（蒸発）が行われたかを整理する。

A	B	C	D	E
葉の表	葉の表			
葉の裏		葉の裏		
茎	茎	茎	茎	
水面	水面	水面	水面	水面

B−D＝(葉の表＋茎＋水面)からの蒸散量−(茎＋水面)からの蒸散量＝(葉の表)からの蒸散量

第10位 心臓と血液

例題 ヒトの血液循環の経路を模式的に示した。

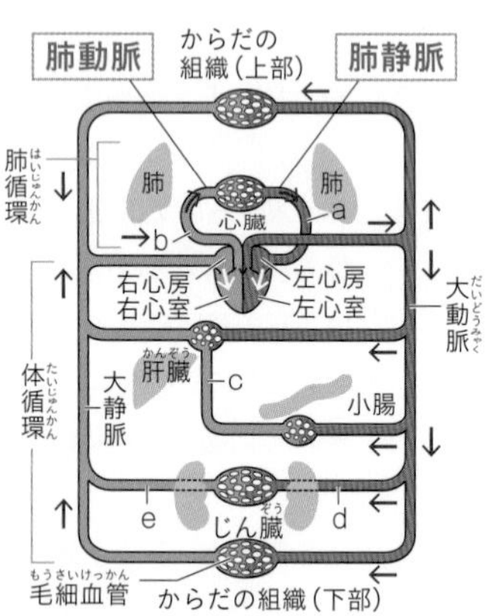

動脈血…**酸素**を多くふくむ血液。

静脈血…**二酸化炭素**を多くふくむ血液。

肺循環…心臓 → 肺 → 心臓と流れる。

体循環…心臓 → 肺以外の全身 → 心臓と流れる。

これが問われる!

□ **Q1** 上の図のa〜eの血管のうち，血液中にふくまれる酸素の割合が最も小さいもの（①）と，血液中にふくまれる尿素の割合が最も小さいもの（②）は，それぞれどれ？

① **b** ② **e**

□ **Q2** 安静にしているときのヒトの心臓は，1分間に約70回血液を送り出し，1回で約70 mLの血液を送り出す。安静時に心臓から送り出される血液量は5分間で何mLになる？

24500 mL

これもチェック!

□1　右の図は，からだの正面から見たヒトの心臓の模式図である。図中のaは，**左心房**を表している。また，心臓での血液の流れる向きを表しているものは，下の図のア～エのうち，**イ**である。

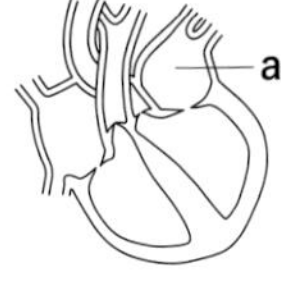

［京都府改］

ア
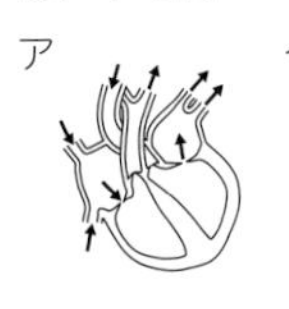

イ
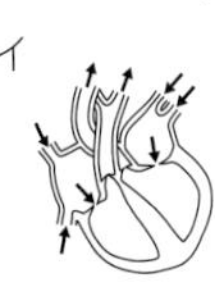

ウ
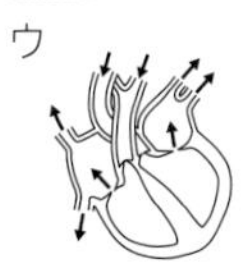

エ
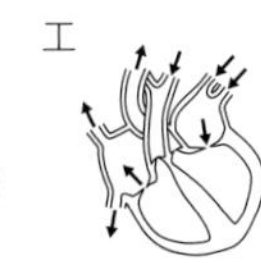

□2　血液の成分には，赤血球（せっけっきゅう），白血球（はっけっきゅう），血小板（けっしょうばん），血（けっ）しょうなどがある。このうち，からだに入ってきた細菌（さいきん）などを分解（ぶんかい）するのは**白血球**，血液を固めるのは**血小板**，養分や不要な物質（ぶっしつ）を運ぶのは**血しょう**である。

≫Q1　・酸素の割合が最も小さい血液

→心臓から肺へ向かう血管（b）を流れる。

・尿素の割合が最も小さい血液

→じん臓から出ていく血管（e）を流れる。

・食後ブドウ糖やアミノ酸の割合が最も大きい血液

→小腸から肝臓に向かう血管（c）を流れる。

≫Q2　安静時の5分間に，心臓から送り出される血液量は，

70 mL×70×5＝24500 mL

第11位 呼吸のしくみ・気体交換

例題 プラスチック容器を使って，ヒトの肺の模型をつくってヒトの呼吸について調べた。

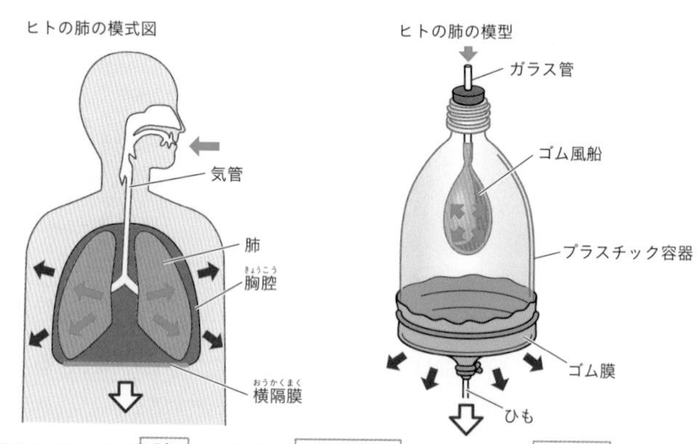

模型のゴム風船が 肺 に，ゴム膜が 横隔膜 に，ガラス管が 気管 にあたる。

これが問われる!

□ **Q1** 次の文の〔　　〕に入る言葉を選びなさい。
模型のひもを引くとゴム風船は〔大きく　小さく〕なる。
これはヒトが息を〔はく　吸う〕ときと同じである。

答：大きく，吸う

□ **Q2** 肺には筋肉がないため，自ら運動することはできない。肺に空気が出入りするのは，ろっ骨を動かす筋肉や何という膜のはたらきによる？

横隔膜

これもチェック！

□1　右の図は，ヒトの肺胞の模式図である。肺胞をとりまく **毛細血管** で，血液中に酸素をとり入れ，二酸化炭素を放出し，気管を通って口や鼻から体外に出される。肺で，空気中の酸素と血液中の二酸化炭素が交換されるはたらきを **肺呼吸** という。

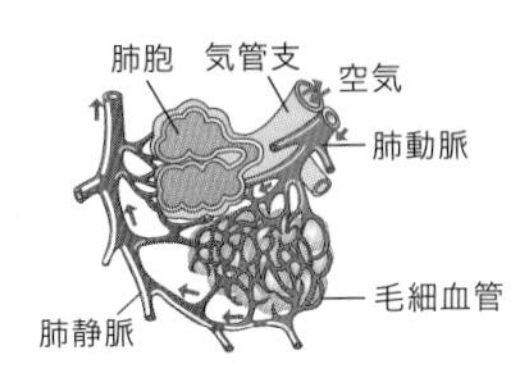

□2　多くの肺胞があることで，肺の **表面積** が大きくなり，気体の交換が効率よくできる。

□3　細胞での酸素と二酸化炭素のやりとりを，**細胞（による）呼吸** という。この呼吸により，細胞が生きるための **エネルギー** がとり出される。

この図もおさえる！

▶ **息を吸うとき**
ろっ骨が上がり，横隔膜が下がる。
↓
肺が広がり空気が吸いこまれる。

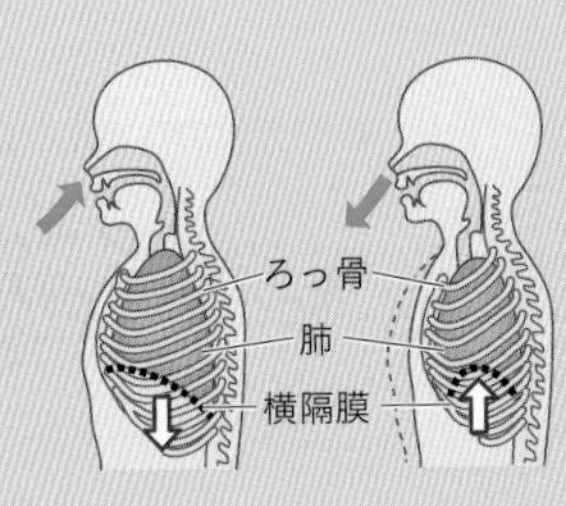

▶ **息をはくとき**
ろっ骨が下がり，横隔膜が上がる。
↓
肺は元の大きさに戻り息がはき出される。

第12位 細胞分裂の観察

例題 タマネギの根の先端部分を切りとり，細胞分裂のようすを顕微鏡で観察した。

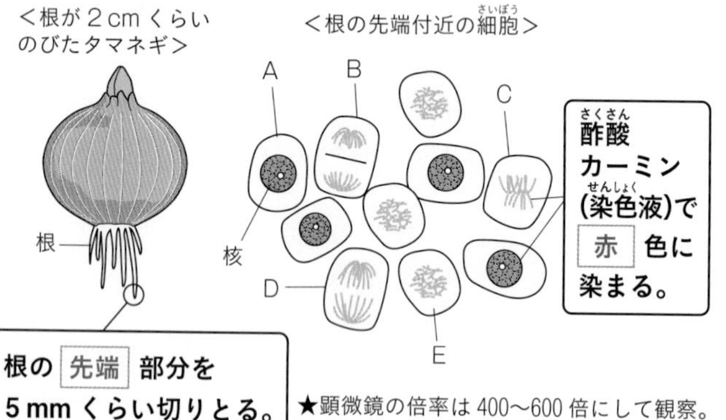

★顕微鏡の倍率は 400〜600 倍にして観察。

これが問われる!

□ **Q1** 根の先端部分を切りとって観察するのはなぜ？
根の先端付近に **細胞分裂のさかんな部分** があるから。

□ **Q2** C や D の細胞に見られるひものようなものは何？
染色体

□ **Q3** A〜E の細胞を，細胞分裂の順に並べると？
A → E → C → D → B

これもチェック!

□□ **Q1** 切りとった根は，約60℃にあたためたうすい **塩酸** につけて細胞どうしを離(はな)れやすくする。

□□ **Q2** プレパラートをつくるとき，カバーガラスをかけ，ろ紙をかぶせて指で根を **押しつぶす** 。これは細胞の **重なり** を少なくして観察しやすくするためである。

□□ **Q3** 根がのびるのは，細胞分裂によって細胞の **数** がふえ，ふえた細胞が **大きく** なるからである。根は **先端** 近くが最もよくのびる。

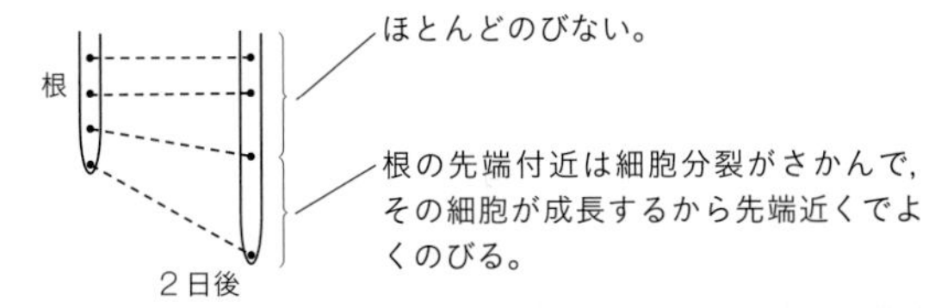

»Q3 染色体(せんしょくたい)のようすから考える。染色体は分裂(ぶんれつ)の前に複製されて，2倍になっている。

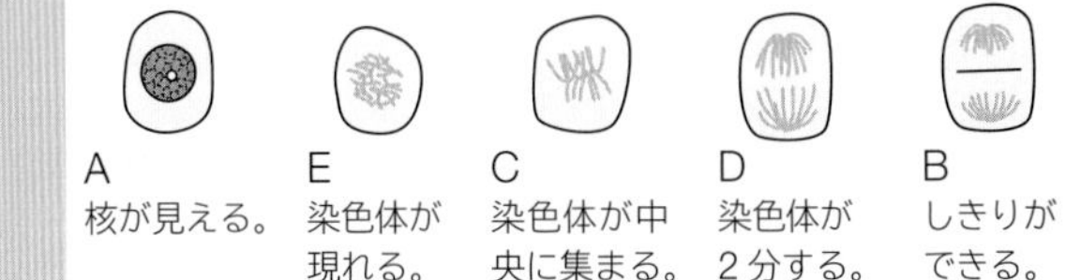

物理の実験・観察
化学の実験・観察
生物の実験・観察
地学の実験・観察

第13位 細胞のつくりの観察

例題 オオカナダモの葉の細胞と，ヒトのほおの内側の細胞を顕微鏡で観察した。

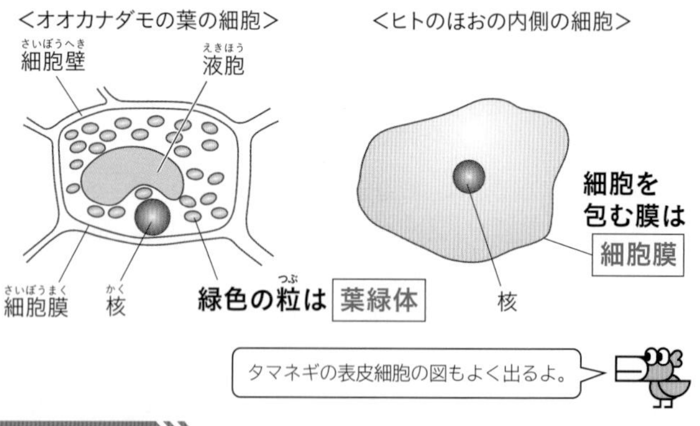

タマネギの表皮細胞の図もよく出るよ。

これが問われる！

□ **Q1** 酢酸オルセイン液で染色すると，細胞のどの部分が何色に染まる？

核 が **赤色** に染まる。

□ **Q2** 動物の細胞には見られず，植物の細胞にだけ見られるつくりは？

細胞壁・葉緑体・液胞

□ **Q3** オオカナダモの葉の細胞にある緑色の粒で行われるはたらきは？

光合成

これもチェック!

□1 タマネギの表皮細胞を染色した右の図のAは 核 ，細胞膜の外側のBは 細胞壁 である。図の細胞には葉緑体(ようりょくたい)は ない 。

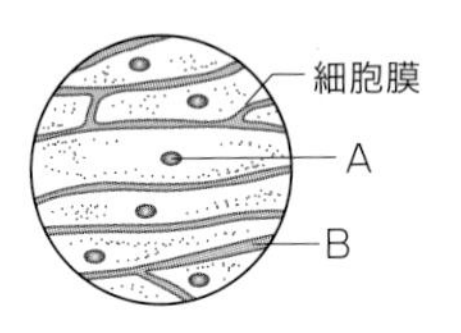

□2 核のまわりの細胞膜をふくめた部分を 細胞質 といい植物の細胞には， 葉緑体 ・液胞がふくまれている。

□3 細胞壁は， 細胞膜 の外側にあるじょうぶなつくりで，植物のからだを 支える のに役立っている。

□4 光を十分に当てたオオカナダモの先端(せんたん)近くの葉をいくつか切りとり，以下の実験・観察を行った。 [山形県改]

Aはそのまま，Bは①熱湯にひたす ②あたためたエタノールに入れる ③水洗いして，うすいヨウ素液にひたす の順で作業を行い，顕微鏡で観察・スケッチした。

Aでは細胞内に緑色の粒の葉緑体がたくさん観察され，Bでは葉緑体が 青紫 色の粒(つぶ)として観察された。このことから，葉緑体で デンプン がつくられており，光合成(こうごうせい)は葉緑体で行われていることがわかった。

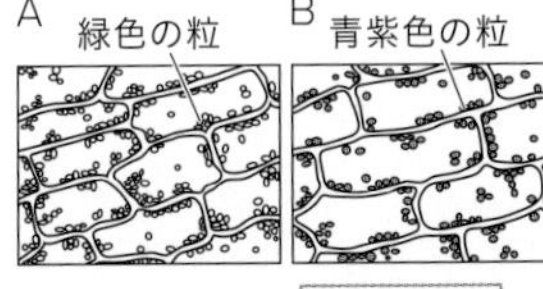

光合成（こうごうせい）が行われる場所を確かめる実験

例題 植物が行う光合成について調べるため，次の実験をした。

［岩手県改］

図1

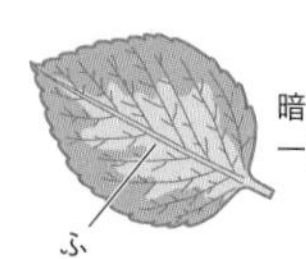

暗いところに
一晩置いた。

図2

葉の一部をアルミニウムはくでおおい，
十分に日光に当てた。
葉をエタノールにひたし，ヨウ素液に
つけ，色の変化を下の表にまとめた。

図3

A：日光が当たった緑色の部分
B：日光が当たったふの部分
C：日光が当たらなかったふの部分
D：日光が当たらなかった緑色の部分

葉の部分	色の変化
A	青紫色になった
B	変化しなかった
C	変化しなかった
D	変化しなかった

これが問われる!

Q1 次の文中の［　］にあてはまるのは，表のA～Dのどれ？
同じ記号を何度選んでもよい。

葉の［A］と［B］の部分を比べることにより，葉の緑色の部分で光合成が行われていることがわかる。また，葉の［A］と［D］の部分を比べることにより，光合成を行うためには日光が必要だとわかる。

これもチェック!

□1 実験の前に，植物を一晩暗いところに置いたのは，葉でつくられた **デンプン** をなくしておくためである。

□2 葉をあたためたエタノールにつけるのは，葉の **緑色** をぬいて， **ヨウ素液** につけたときの色の変化を見やすくするためである。

□3 ヨウ素液につけたとき，青紫色に変化した部分を顕微鏡(けんびきょう)で観察すると，細胞(さいぼう)の中に濃(こ)い色の粒が見えた。この粒は **デンプン** をふくむ **葉緑体** である。

□4 光合成の原料となる無機物(むきぶつ)は， **二酸化炭素** と **水** である。光合成が行われると，デンプンができるほかに，〔二酸化炭素 **酸素**〕が発生する。

»Q1 葉のそれぞれの部分の条件と結果は以下のようになる。

葉の部分	日光	葉緑体	デンプン
A	あり	あり	あり
B	あり	なし	なし
C	なし	なし	なし
D	なし	あり	なし

AとBを比較(ひかく)
→葉緑体が必要

AとDを比較
→日光が必要

茎(くき)の断面の観察

例題 食紅で着色した水にさしておいた植物の茎を輪切りにし，その断面を顕微鏡(けんびきょう)で観察した。

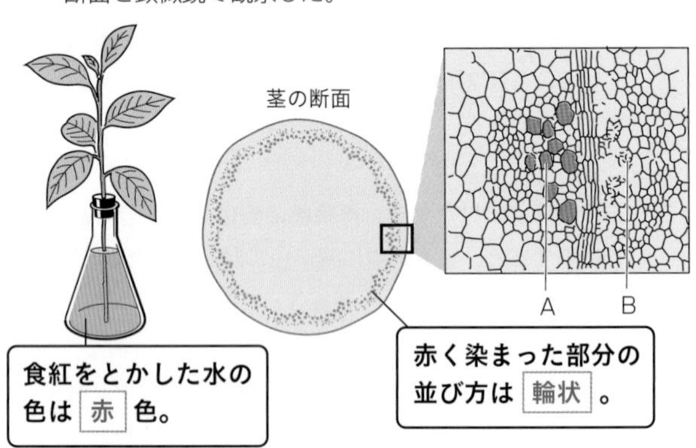

これが問われる!

□ **Q1** 赤色に染まった部分にある管(くだ)には，どのようなはたらきがあるか？

根から吸収した水（や肥料分）を通すはたらき。

□ **Q2** A，Bの管をそれぞれ何という？

A **道管**　B **師管**

□ **Q3** AやBの管が集まっている部分を何という？

維管束

花や実のつくりの観察

例題 ①アブラナの花を観察するために，ピンセットを使って分解した。
②マツの雌花・雄花のつき方やりん片のようすを観察した。

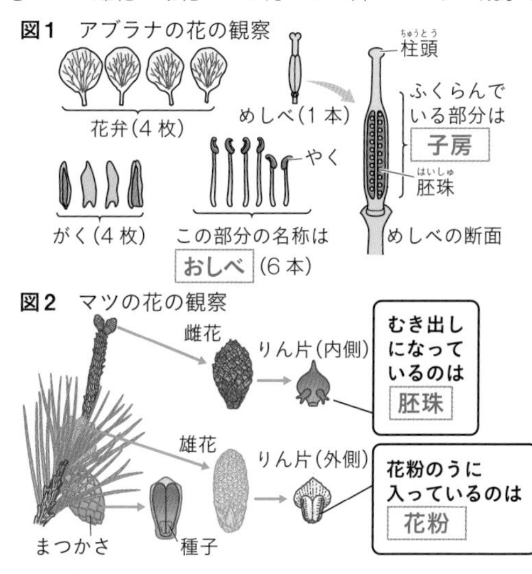

これが問われる!

□ **Q1** アブラナの花を，中心にあるものから順に並べると？

めしべ→おしべ→花弁→がく

□ **Q2** アブラナと比べて，マツの胚珠はどのようになっている？

子房がなく，胚珠はむき出しになっている。

第1位 気象観測

例題 気象観測のデータをグラフに表し，寒冷前線(かんれいぜんせん)や温暖前線(おんだんぜんせん)の通過などを調べた。

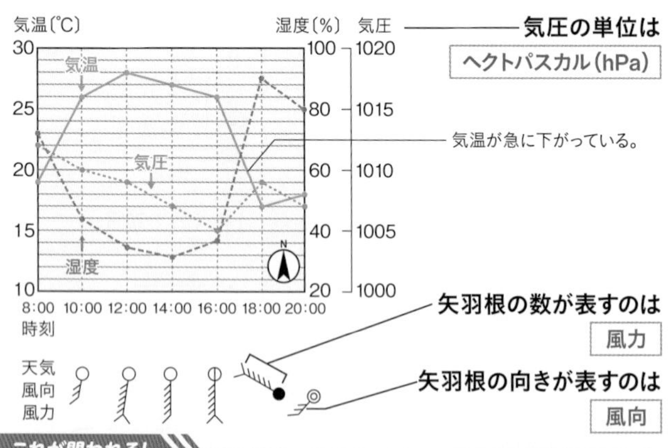

これが問われる!

□ **Q1** 16:00の天気，風向，風力は？

天気 **晴れ**，風向 **南**，風力 **7**

□ **Q2** 16:00～18:00ごろに通過した前線は？ **寒冷前線**

□ **Q3** 18:00ごろに降った雨のようすは？

強いにわか雨

□ **Q4** 16:00～18:00ごろになると，風向は南寄り，北寄りのどちらに変わっているか？ **北寄り**

この図もおさえる!

▶ 天気の記号

天気	快晴	晴れ	くもり	雨	雪
雲量	0〜1	2〜8	9〜10	−	−
記号					

空全体を 10 としたときの 雲 の占(し)める割合。

▶ 前線の記号

温暖前線	寒冷前線	停滞前線(ていたいぜんせん)	閉(へい)そく前線(ぜんせん)
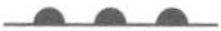	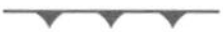	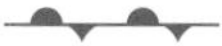	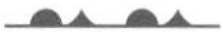

▶ 温暖前線と寒冷前線

	温暖前線	寒冷前線
前線のようす	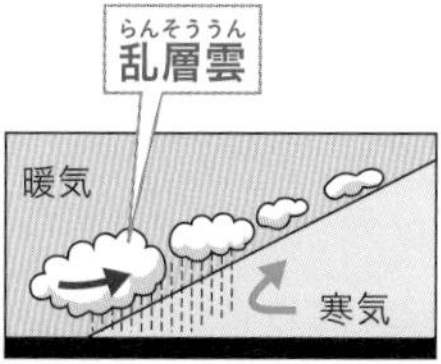らんそううん 乱層雲 暖気 寒気	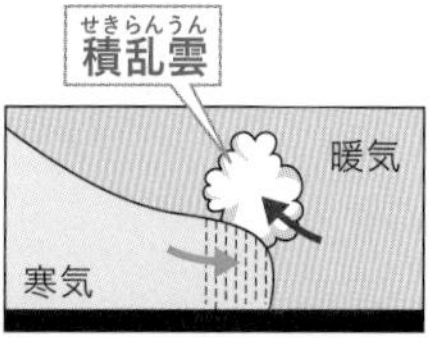せきらんうん 積乱雲 暖気 寒気
天気のようす	長 時間, 広い範囲におだやかな雨	短時間, せまい 範囲に強い雨
通過後の変化	風向は 南 寄りになり, 気温は 上 がる。	風向は 北 寄りになり, 気温は 下 がる。

地層の観察

例題 地層が現れている露頭を観察し，層の重なり方やれきや砂の粒の形，化石などを調べた。

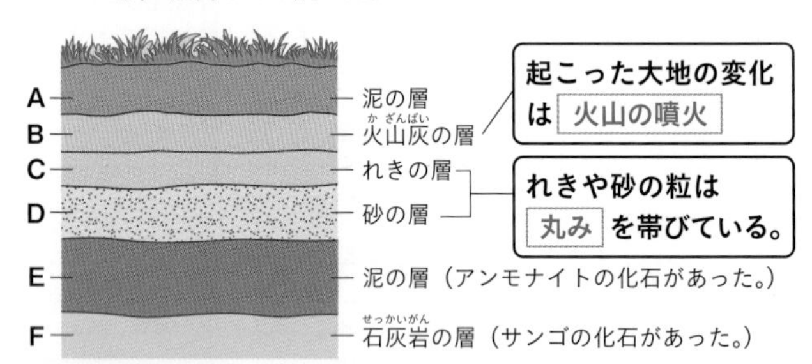

これが問われる!

- Q1 泥，砂，れきは，何を目安に区別される？
  粒の大きさ
- Q2 泥，砂，れきのうち，粒の大きさが最も小さいものはどれ？
  泥
- Q3 れきや砂の粒が丸みを帯びているのはなぜ？
  流水で運ばれてけずられ角がとれたから。
- Q4 E層が堆積した地質年代は？
  中生代
- Q5 F層が堆積したときの海は，どんな環境？
  暖かくて，浅い海

この図もおさえる!

▶ 示準化石(しじゅんかせき)と地質年代

新 生代	ビカリア, ナウマンゾウ, メタセコイア
中 生代	アンモナイト, ティラノサウルス, モノチス
古 生代	サンヨウチュウ, フズリナ

示準化石…地層が堆積した **時代** を知ることができる化石。

▶ 示相化石(しそうかせき)

サンゴ	暖かくて, 浅い海
アサリ, ハマグリ	岸に近い浅い海
ホタテガイ	水温の低い浅い海
シジミ	淡水と海水の混じる河口付近や湖
ブナ, シイ	温帯で, やや寒冷な地域の陸地

示相化石…地層が堆積した当時の **環境** を知る手がかりとなる化石。

▶ 柱状図(ちゅうじょうず)

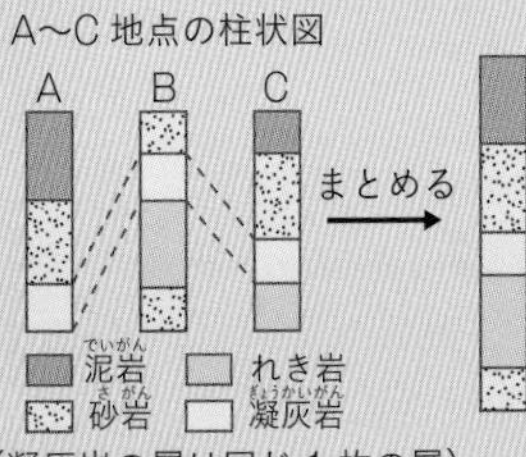

左図の場合, 凝灰岩の層 を基準にまとめる。

特徴のある凝灰岩の層（火山灰の層）や同じ化石をふくむ層など（鍵層(かぎそう)）を目印にして比較(ひかく)する。

第3位 月の観測

例題 日本のある地点で月を観測し，記録した。

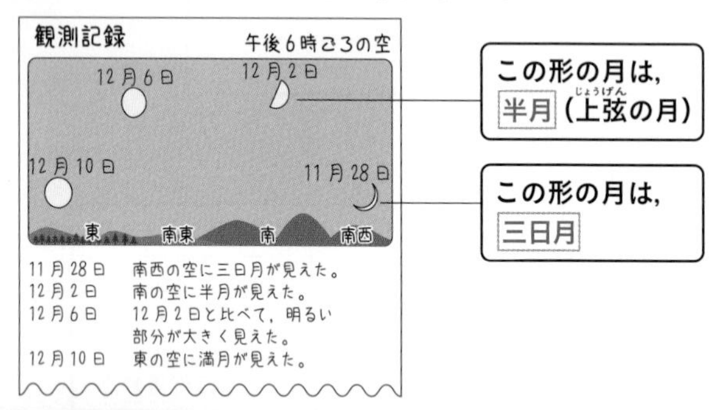

これが問われる！

- Q1 惑星のまわりを公転する天体を何という？ **衛星**
- Q2 月は自ら光を出していないのに，夜空で明るく光って見えるのは，何を反射しているから？ **太陽の光**
- Q3 月が地球の影に入り，月の全部，または一部がかくされる現象は？ **月食**
- Q4 12月2日の太陽，地球，月の位置関係はどれ？ **エ**

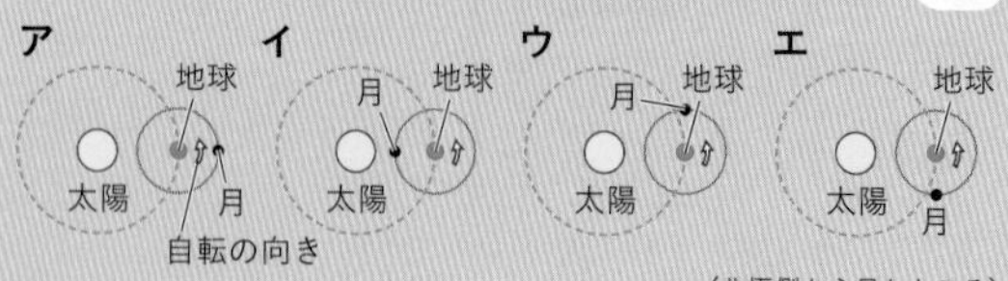

この図もおさえる!

▶ 月の満ち欠け

月は，太陽のある側に光が当たることで光って見える。

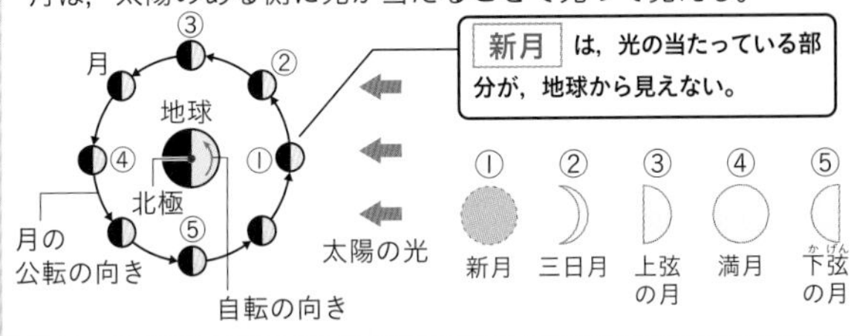

例えば，⑤の月が真南に見える時刻は，**午前6** 時ごろである。⑤の月が真南に見えてから，再び⑤の月が真南に見えるまでの日数はおよそ **29.5** 日である。したがって，⑤の月が真南に見えてからおよそ２週間後に真南に見える月の番号は **③** である。

▶ 日食と月食

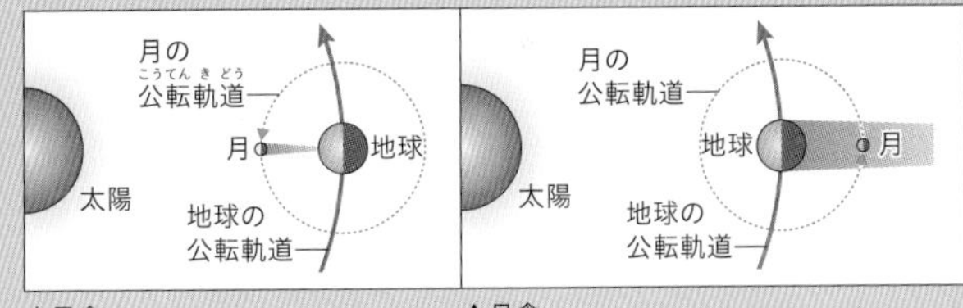

▲日食　▲月食

日食…太陽，**月**，地球の順に一直線上に並び，
太陽 が月にかくされる。

月食…太陽，**地球**，月の順に一直線上に並び，
月 が地球の影に入る。

第4位 火山・火成岩のつくり

例題 安山岩や花こう岩のつくりをルーペで観察し，火成岩のでき方を調べた。

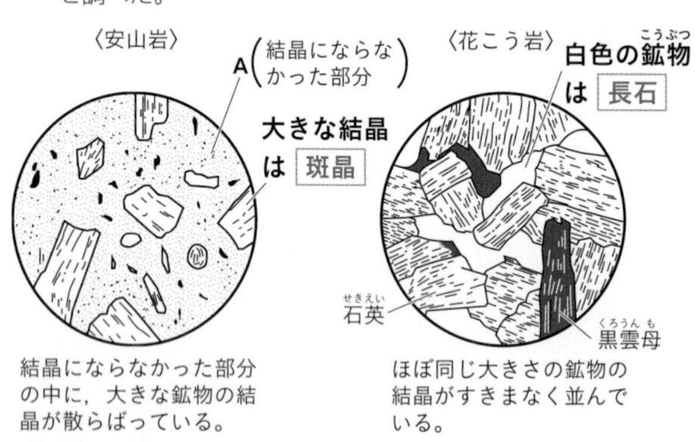

結晶にならなかった部分の中に，大きな鉱物の結晶が散らばっている。

ほぼ同じ大きさの鉱物の結晶がすきまなく並んでいる。

これが問われる!

- Q1 安山岩，花こう岩のつくりはそれぞれ何組織？
  安山岩 **斑状組織**
  花こう岩 **等粒状組織**
- Q2 花こう岩は，マグマがどのように冷えてできた？
  ゆっくり冷えてできた。
- Q3 安山岩のAの部分を何という？ **石基**
- Q4 花こう岩のように，白っぽい火成岩をつくるマグマのねばりけは強いか，弱いか？ **強い**

この図もおさえる!

▶ マグマのねばりけと火山の形など

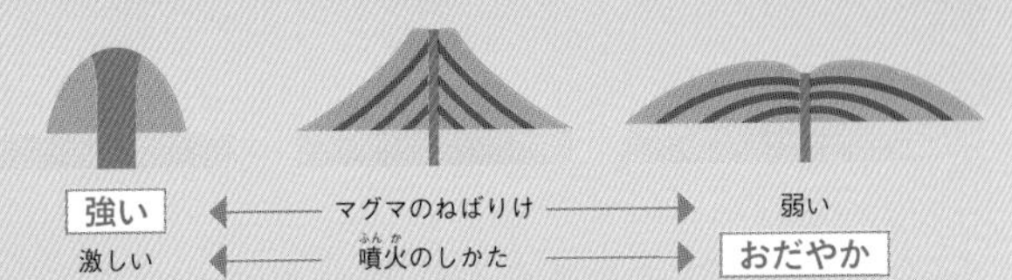

強い	←マグマのねばりけ→	弱い
激しい	←噴火のしかた→	おだやか
白っぽい	←溶岩や火山灰の色→	黒っぽい

▶ 火成岩の分類

火成岩				
火山岩	流紋岩	安山岩	玄武岩
深成岩	花こう岩	せん緑岩	斑れい岩

鉱物の割合（体積%）：無色鉱物（石英、長石）、有色鉱物（黒雲母、カクセン石、輝石、カンラン石、その他の鉱物）

火山岩…マグマが地表や地表近くで 急に 冷え固まってできた岩石。斑状組織。

深成岩…マグマが地下の深いところでゆっくり冷え固まってできた岩石。 等粒状 組織。

▶ 火成岩のでき方のモデル実験

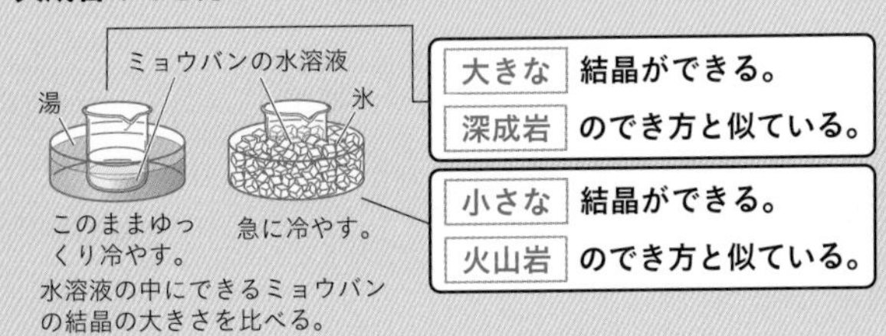

大きな 結晶ができる。
深成岩 のでき方と似ている。

小さな 結晶ができる。
火山岩 のでき方と似ている。

第5位 地震の観測

例題 X，Y，Zの各地点のゆれの記録をもとに，P波，S波の到着時刻と震源からの距離との関係をグラフに表した。

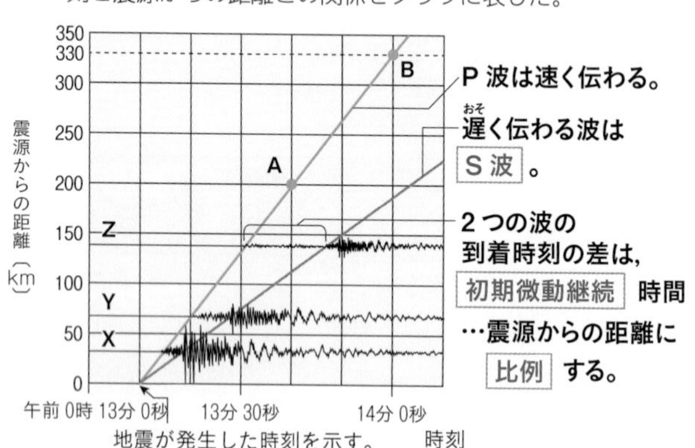

これが問われる!

- Q1 地震のはじめの小さなゆれを何という？ **初期微動**
- Q2 P波のグラフのA，B点をもとにP波の速さを求めると何km/s？ **6.5 km/s**
- Q3 P波の速さが6.5 km/sのとき，地点Yの震源からの距離は何km？ **65 km**
- Q4 初期微動継続時間は，震源からの距離が大きいほどどうなる？ **長くなる。**

この図もおさえる!

▶ **地震に関する名称**

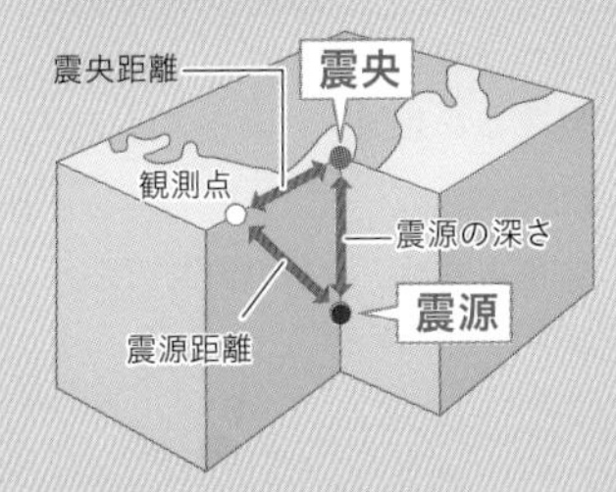

震源…地下で地震が発生した場所。

震央(しんおう)…震源の真上の地表の地点。

震源距離…観測点から **震源** までの距離。

震源の深さ…震源と **震央** の間の距離。

»Q1 はじめの小さなゆれは初期微動といい，P波によって起こるゆれである。主要動(しゅようどう)は，S波によって起こるゆれである。

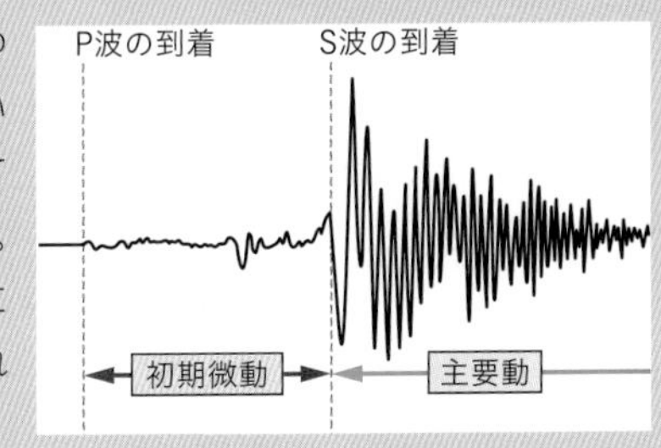

»Q2 A点とB点の地震が発生した時刻の差は，14分0秒－13分40秒＝20秒であり，A点とB点の震源からの距離の差は，330 km － 200 km ＝ 130 km である。したがって，P波の速さは 130 km ÷ 20 s ＝ 6.5 km/s である。

»Q3 P波が発生してから，地点YにP波が伝わるのにかかった時間は，13分20秒－13分10秒＝10秒である。したがって，震源からの距離は，6.5 km/s × 10 s ＝ 65 km である。

金星の観察

例題　金星がいつごろどの方角に見えるかを調べ，満ち欠けのようすや見かけの大きさの変化を観察した。

西の空の金星の位置

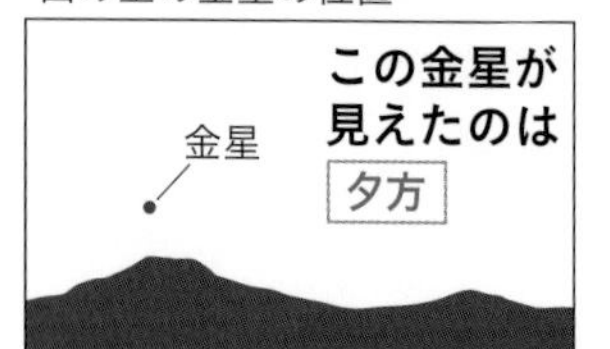

西の空

上下左右が逆に見える望遠鏡で観察した金星

太陽と地球，金星の位置関係

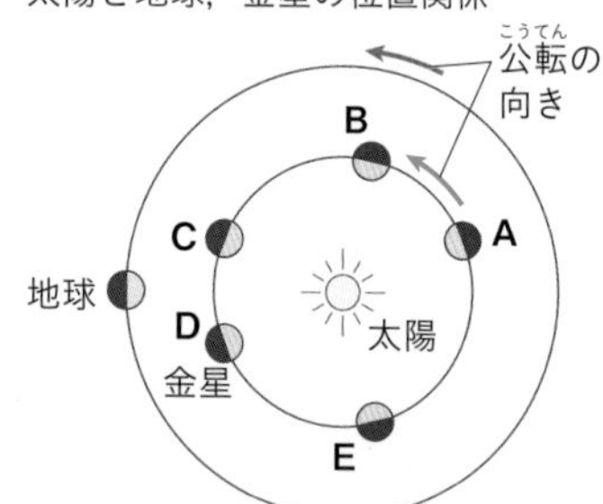

太陽のまわりを公転する地球のような天体は 惑星

これが問われる!

- □ **Q1** 観察した金星は，A～Eのどの位置にある？　**C**
- □ **Q2** 観察した金星は，よいの明星か，明けの明星か？　**よいの明星**
- □ **Q3** 金星が地球に近づくとき，金星の見かけの大きさや欠け方はどう変化する？　**見かけの大きさも欠け方も大きくなる。**
- □ **Q4** 金星が真夜中に見えないのはなぜ？　**金星は地球より内側を公転しているから。**

これもチェック!

□□ 1　地球より内側を公転している惑星(わくせい)を **内惑星** ，地球より外側を公転している惑星を **外惑星** という。地球より内側を公転している惑星は **水星** と金星の２つである。

□□ 2　太陽系の惑星のうち，密度が大きく小型の惑星（水星，金星，地球，火星）を **地球** 型惑星といい，密度が小さく大型の惑星（木星，土星，天王星(てんのうせい)，海王星(かいおうせい)）を **木星** 型惑星という。

この図もおさえる!

▶ **よいの明星**…夕方， **西** の空に見える金星。

▶ **明けの明星**… **明け方** ，東の空に見える金星。

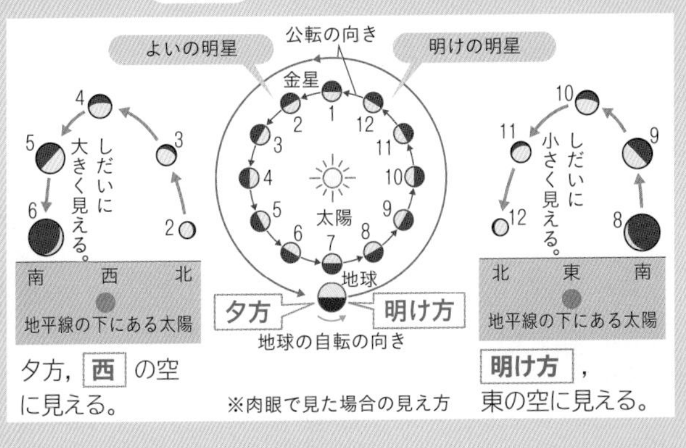

第7位 星の1日・1年の動き

例題 オリオン座やカシオペヤ座を午後８時から２時間ごとに観測してスケッチした。

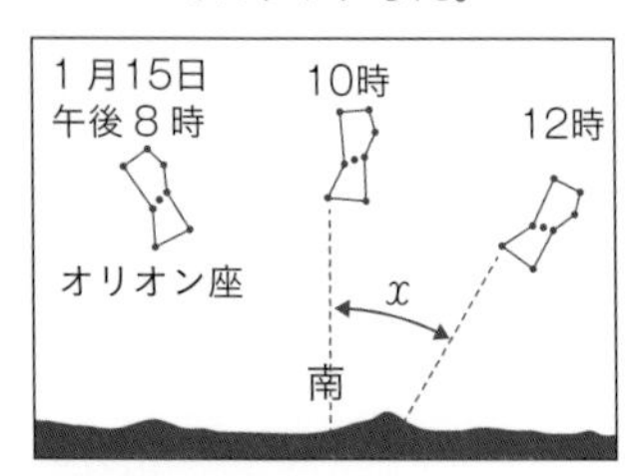

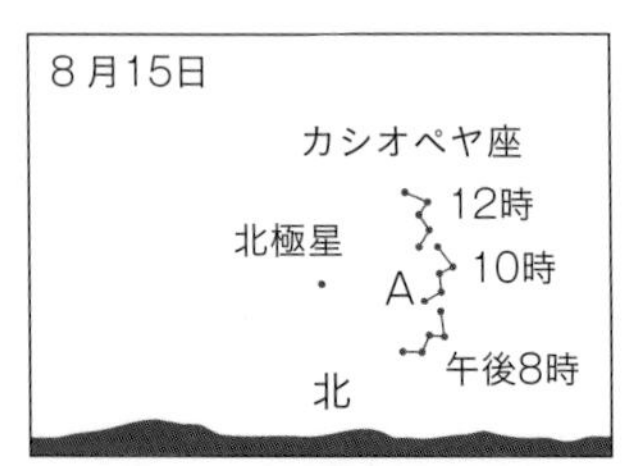

南の空では，オリオン座が 東 から 西 へ 1時間に 15° 動く。

北の空では，カシオペヤ座が 反時計回り に 1時間に 15° 動く。

これが問われる!

□ **Q1** オリオン座が２時間に動く角度 x はおよそ何度？

30°

□ **Q2** オリオン座が西の地平線に沈む（しず）のは，午前何時ごろ？

午前４時ごろ

□ **Q3** 北極星（ほっきょくせい）は時間がたってもほぼ同じ位置に見えるのはなぜ？

北極星はほぼ地軸の延長線上にあるから。

□ **Q4** カシオペヤ座が午後８時にＡの位置（8月15日の10時の位置）に見えるのは，何か月後？

１か月後

この図もおさえる！

▶ **星の1日の動き（日周運動）**… 24 時間で1回転する。

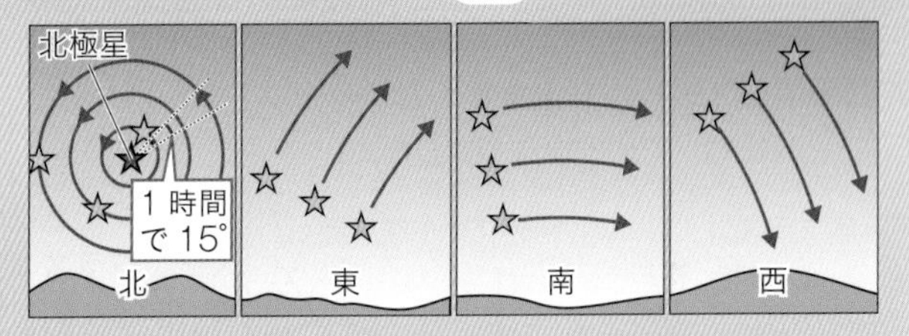

北の空の星…1時間に 15 °，反時計回りに回って見える。

南の空の星…1時間に15°， 東 から 西 へ動いて見える。

▶ **オリオン座の1年の動き（年周運動）**… 1 年で1回転する。

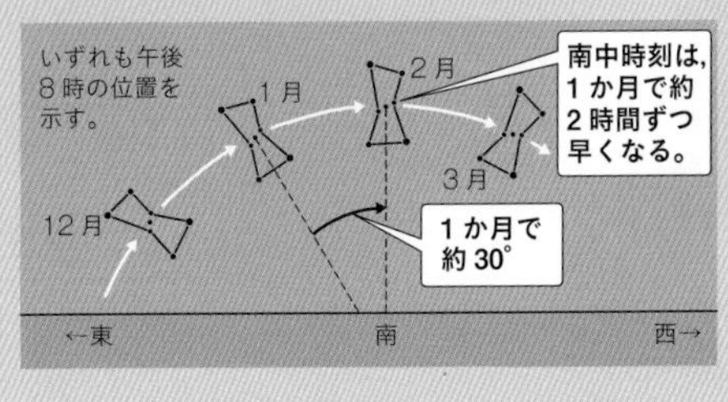

»Q2 オリオン座は，午後10時に真南にある。地平線に沈むのは，西へ90°動いたときである。星は1時間に15°西へ動くので，90°動くのは，90 ÷ 15 = 6より，6時間後である。

»Q4 北の空の星は，同じ時刻だと1か月で30°反時計回りに動いて見える。1か月後には，8月15日の午後10時の位置に見える。

第8位 雲のでき方

例題 丸底フラスコに注射器をとりつけ，ピストンを引いたり押したりして，フラスコ内を観察した。

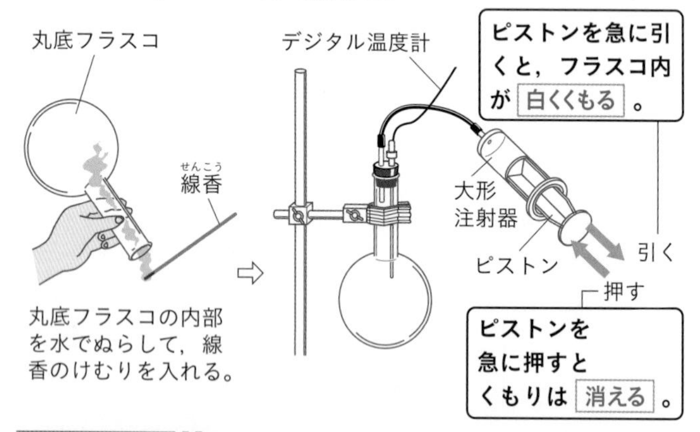

これが問われる!

□Q1 ピストンを急に引いたとき，フラスコ内を白くくもらせたものは何？ **水滴**

□Q2 ピストンを急に引くと，フラスコ内の気圧は大きくなる？小さくなる？ **小さくなる。**

□Q3 フラスコ内が白くくもったとき，フラスコ内の空気の体積や温度はどのように変化した？ 体積 **膨張した。** 温度 **下がった。**

これもチェック！

□1 フラスコ内に線香のけむりを入れたのは，水蒸気が **水滴** となるための核（かく）にするためである。

□2 ピストンをすばやく押したとき，白いくもりが消えたのは，フラスコ内の気圧が大きくなったためにフラスコ内の温度が **上昇** し，水滴（すいてき）が **蒸発** したためである。

□3 ピストンを引いてフラスコ内が白くくもったときと同じ現象は，しめった空気が **上昇** するときに起こる。

□4 空気のかたまりが上昇すると，上空ほど気圧が **低い** ため，空気は膨張（ぼうちょう）して気温が **下がる** 。気温が露点（ろてん）以下になると **水蒸気** が水滴に変化して雲が発生する。

この図もおさえる！

▶雲ができやすい条件

前線面
暖気
寒気

雲は **上昇気流** の中で発生する。
左の4つの場合，いずれも上昇気流が発生しやすい。

物理の実験・観察
化学の実験・観察
生物の実験・観察
地学の実験・観察

堆積岩のつくり

例題 砂岩やれき岩をつくっている粒の形や大きさをルーペで観察し，特徴を比べた。

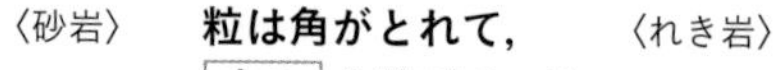

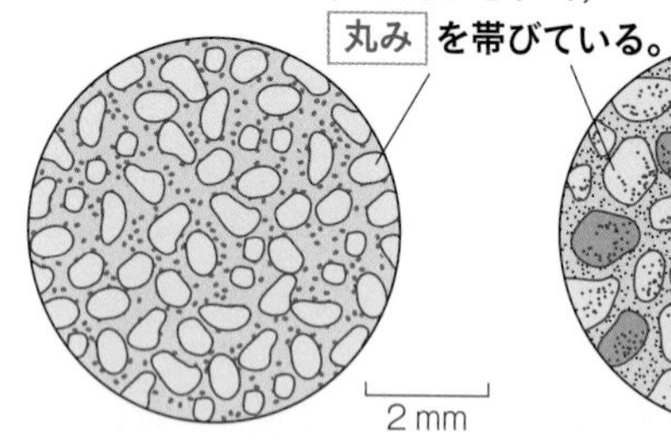

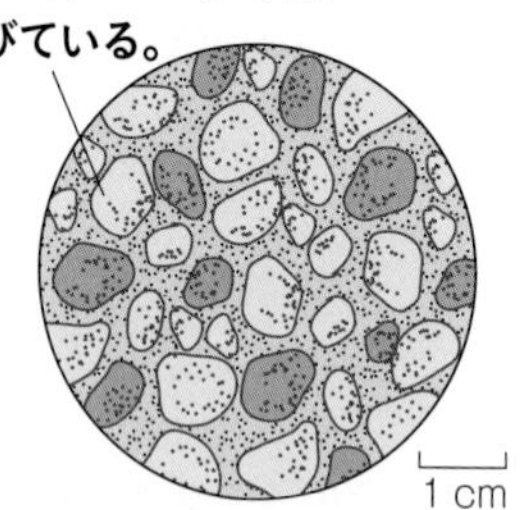

おもに砂が固まってできている。

砂などといっしょに れき が固まっている。

これが問われる!

□ **Q1** 砂岩とれき岩は，何によって区別する？

粒の大きさ

□ **Q2** 砂岩とれき岩のうち，粒が大きいのはどちら？

れき岩

□ **Q3** 砂岩やれき岩の粒が丸みを帯びているのはなぜ？

流水で運ばれてけずられ角がとれたから。

□ **Q4** 凝灰岩はどのようにしてできた？

火山灰などが固まってできた。

この図もおさえる!

▶ れき岩，砂岩，泥岩のつくりのちがい

れき岩	おもにれきが押し固まりできた岩石。 粒は，直径 2 mm以上。
砂岩	おもに砂が押し固まりできた岩石。 粒は，直径 $\frac{1}{16}$ ～ 2 mm。
泥岩	おもに泥が押し固まりできた岩石。 粒は，直径 $\frac{1}{16}$ mm未満。

粒の大きさで区別する。

▶ 石灰岩とチャートのちがい

石灰岩…うすい塩酸をかけると，二酸化炭素が発生 する 。

チャート…うすい塩酸をかけても，二酸化炭素は発生 しない 。

▶ 堆積岩のちがい

砂岩

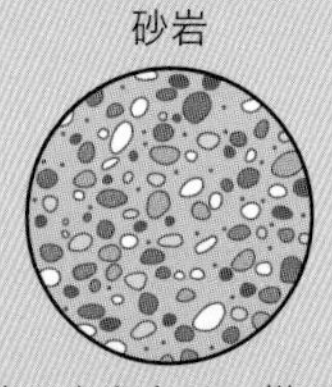

粒の大きさは一様で，丸み を帯びている。

凝灰岩

粒は 角ばって いる。

凝灰岩は火山灰が固まってできた岩石だよ。

太陽の1日の動き

例題 太陽の位置を一定時間ごとに透明半球(とうめいはんきゅう)上に記録し，太陽の1日の動きを調べる。

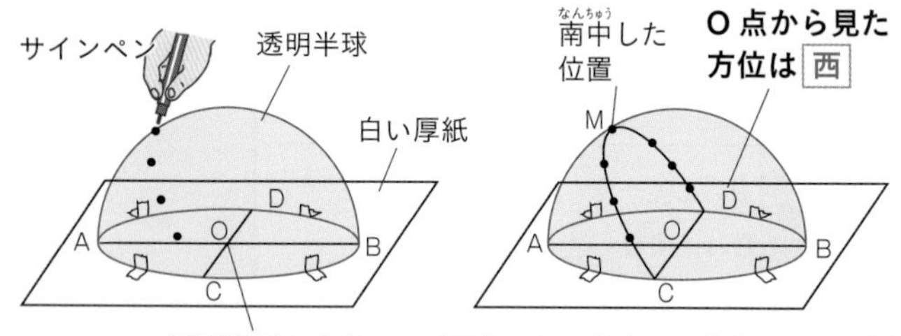

(日本のある地点での春分の日の記録)

透明半球→観測者から見た 天球
中心O点→ 観測者 の位置

・印をなめらかな線で結び，透明半球のふちまでのばす。

これが問われる!

□Q1 太陽の位置を透明半球上に記録するとき，サインペンの先端(せんたん)の影(かげ)は，どこに一致(いっち)させる？

透明半球の中心（O点）

□Q2 太陽が南中(なんちゅう)したとき，太陽はどの方位にある？

真南

□Q3 日の出の位置を表しているのはA～Dのどの点？

C

これもチェック！

□1　太陽の位置を記録した点と点の間隔は等しい。これは，地球が一定の速さで **自転** しているからである。

□2　太陽の天球上の１日の動きを **日周** 運動という。

□3　左のページの図で，太陽の南中高度を表す角は∠ **MOA** である。

□4　同じ場所で，夏至の日と冬至の日に同じ観測を行ったら，右図のようになった。㋐は **冬至** の日の記録，㋑は **夏至** の日の記録である。

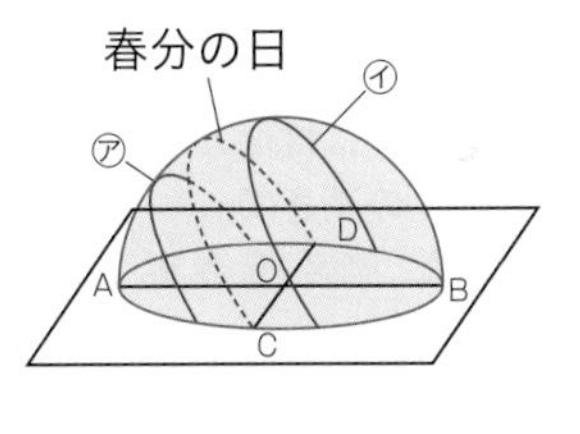

この図もおさえる！

▶ 緯度による太陽の日周運動の変化

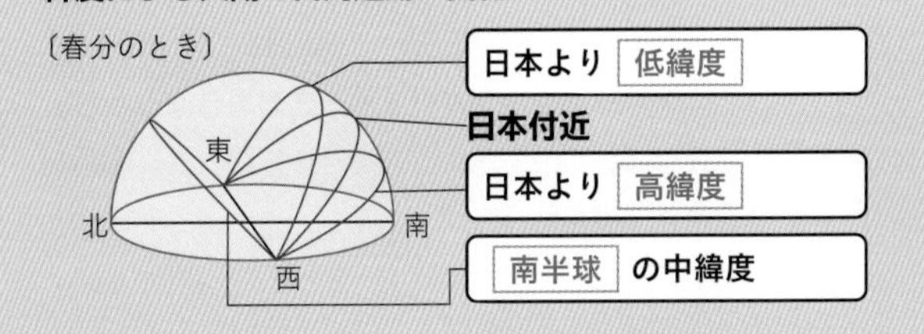

第11位 湿度を求める

例題 乾湿計(かんしつけい)と湿度表(しつどひょう)を用いて，湿度を求めた。

〈乾湿計〉

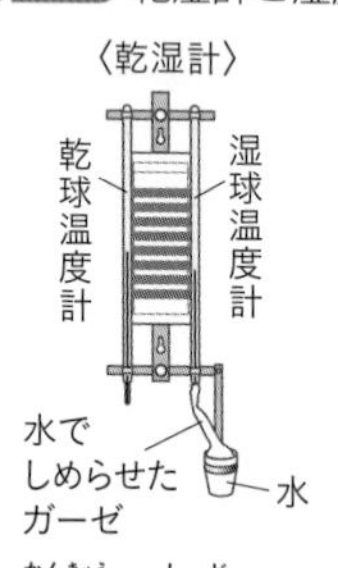

乾球(かんきゅう)の示度(しど)は地面から約 1.5 m の高さではかった 気温 を表す。

〈湿度表〉

		乾球温度計と湿球温度計の示度の差〔℃〕						
		0.0	1.0	2.0	3.0	4.0	5.0	6.0
乾球温度計の示度〔℃〕	33	100	93	86	80	73	67	61
	32	100	93	86	79	73	66	60
	31	100	93	86	79	72	66	60
	30	100	92	85	78	72	65	59
	29	100	92	85	78	71	64	58
	28	100	92	85	77	70	64	57
	27	100	92	84	77	70	63	56
	26	100	92	84	76	69	62	55
	25	100	92	84	76	68	61	54

湿球(しっきゅう)の示度は乾球の示度より 低い 。
示度の差が大きいほど湿度は 低い 。

これが問われる!

□ **Q1** 乾湿計の測定場所（風通し，日当たり）として，どのような場所が適している？

風通しのよい日かげ

□ **Q2** 湿球の示度が乾球の示度より低いのはなぜ？

球部で水が蒸発するとき熱をうばうから。

□ **Q3** 乾球の示度が 31 ℃，湿球の示度が 26 ℃のとき，気温は何℃？ また，湿度は何%？

気温 **31 ℃** 湿度 **66%**

これもチェック！

□□1　空気のしめりけの度合いを百分率で表したものを **湿度** という。

湿度〔%〕＝ $\dfrac{\text{空気 1m}^3\text{ 中にふくむ水蒸気量〔g/m}^3\text{〕}}{\text{その温度での \textbf{飽和水蒸気量}〔g/m}^3\text{〕}}$ × 100

□□2　下図のように，実験室の露点（ろてん）を調べたところ26℃であった。実験室の気温が30℃のとき，湿度の計算式は **24.4** ÷ **30.4** × 100 = 80.26…となり，小数第1位を四捨五入して湿度を求めると **80** %となる。

温度〔℃〕	飽和水蒸気量〔g /m³〕	温度〔℃〕	飽和水蒸気量〔g /m³〕
16	13.6	26	24.4
18	15.4	28	27.2
20	17.3	30	30.4
22	19.4	32	33.8
24	21.8	34	37.6

実験室でくみ置きの水を金属製のコップに入れ，氷を入れた試験管で水の温度を下げガラス棒でかき混ぜながら，コップの表面に水滴がつき始めたときの水の温度をはかった。

□□3　上の実験で，実験室の気温を20℃まで下げると，水滴が空気1 m³あたり **24.4** − **17.3** ＝7.1より7.1 g出てきて，このとき湿度は **100** %となる。

太陽の南中高度の季節変化

例題 秋分の日に，板に棒を立て，午前10時から午後2時までの1時間ごとの棒の影の先端の位置の変化を調べた。［栃木県改］

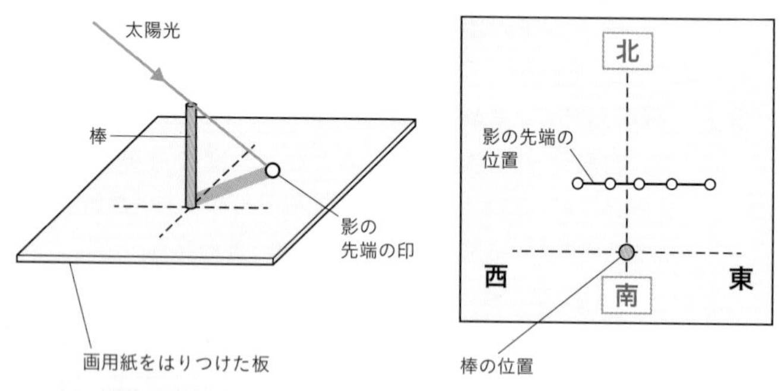

これが問われる！

□ **Q1** 太陽の高度が高いほど，棒の影は長い？，短い？

短い。

□ **Q2** 冬至の日に同じ実験を行うと，午前12時のときの棒の影の長さは，秋分の日の午前12時と比べて長い？，短い？，変わらない？

長い。

□ **Q3** 北緯35度の地点の，春分・秋分の日の太陽の南中高度は何度？

55°

☑これもチェック!

□1　北緯35度の地点Pの，冬至の日の太陽の南中高度は，$90° - ($ **35** $° + 23.4°)$ ＝ **31.6** °である。

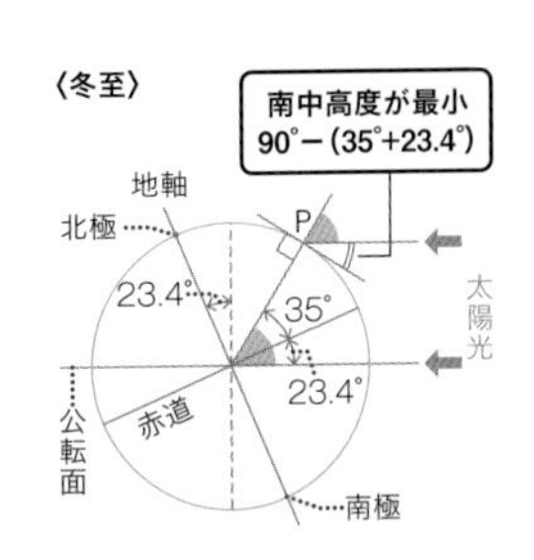

□2　北緯35度の地点Pの，夏至(げし)の日の太陽の南中高度は，$90° - ($ **35** $° - 23.4°)$ ＝ **78.4** °である。

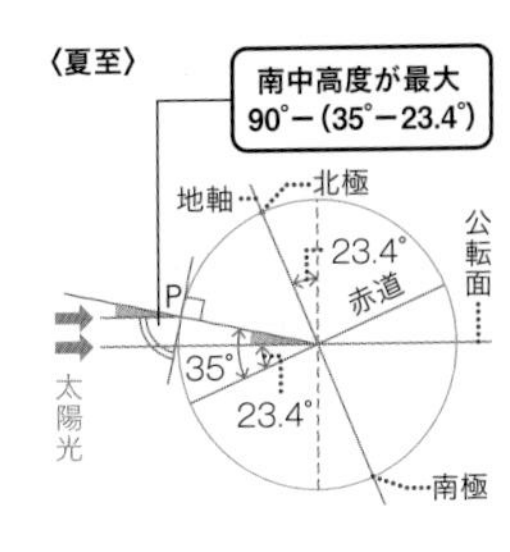

□3　北緯35度の地点Pの，春分・秋分の日の太陽の南中高度は，$90° - 35°$ ＝ 55°である。

□4　東京で，太陽の南中高度が最も高いのは **夏至** の日であり，昼の長さが最も長いのは **夏至** の日である。

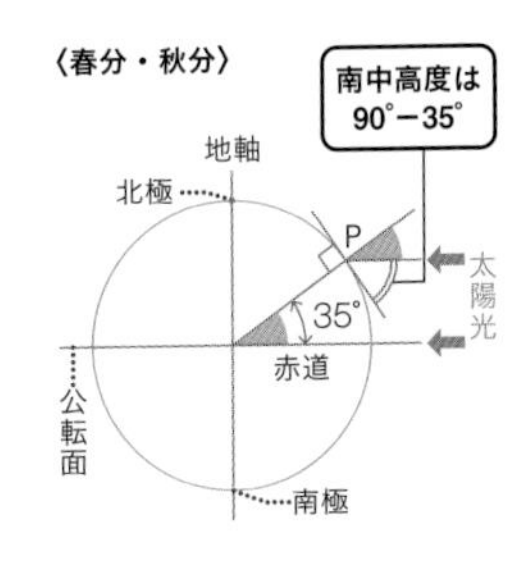

風速と風向

例題 ある年の9月30日9時の天気図と，同じ年の9月30日6時から10月1日18時までのある地点の気圧（きあつ）と湿度（しつど）の変化を調べた。

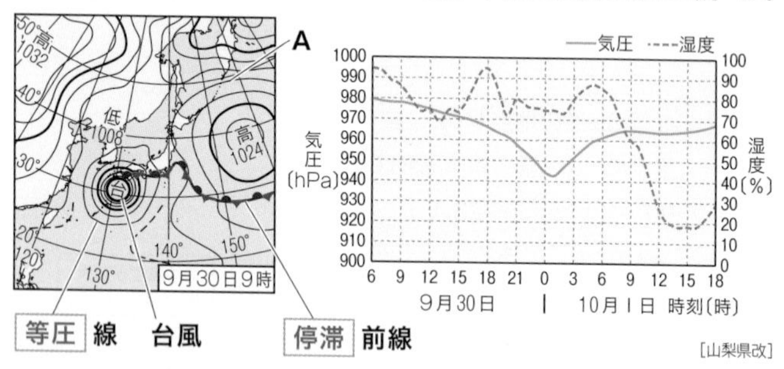

［山梨県改］

これが問われる!

□ **Q1** 天気図のAの等圧線（とうあつせん）は，何hPaを表している？ **1012 hPa**

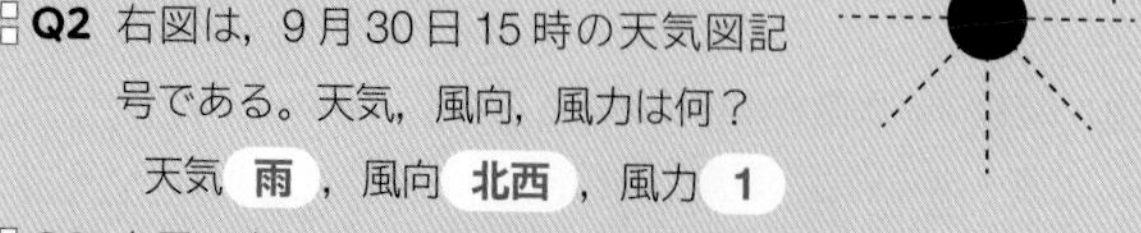

□ **Q2** 右図は，9月30日15時の天気図記号である。天気，風向，風力は何？
天気 **雨**，風向 **北西**，風力 **1**

□ **Q3** 台風の中心が，ある地点に最も近づいたのは次のどれ？ **イ**
ア　9月30日18時から9月30日21時の間
イ　10月1日0時から10月1日3時の間
ウ　10月1日6時から10月1日9時の間

これもチェック!

□□ 1　台風の地表付近での風のふき方を模式的に表したものは，下の図の エ である。　［山梨県］

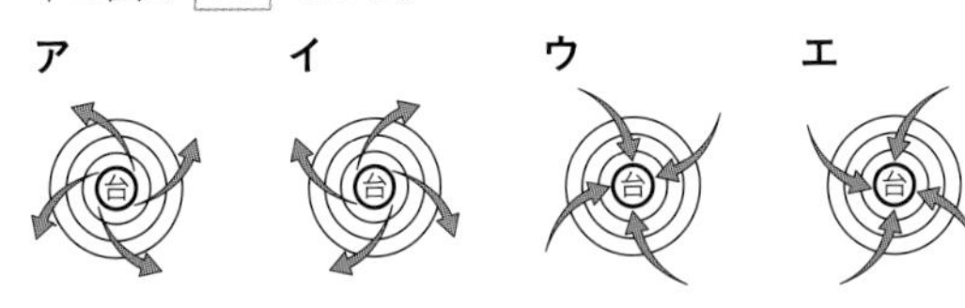

□□ 2　夏の特徴的な気圧配置のときにふく季節風(きせつふう)の向きと，高気圧と低気圧の中心付近での風のふき方を模式的に示しているのは，下の図の エ である。　［三重県］

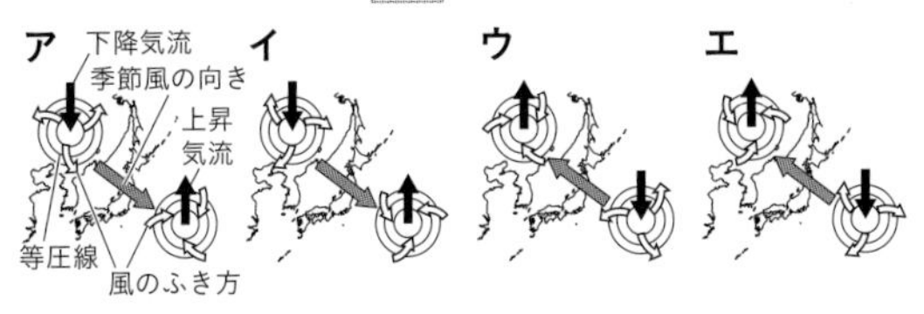

» Q1　等圧線は，4 hPa ごとにかかれている。A の等圧線は，高気圧の 1024 hPa の等圧線から，低気圧や台風に向かって等圧線 3 本分なので，1024 −(4 × 3)= 1012 より，1012 hPa となる。

» Q2　天気図記号の●が天気（雨）を表し，矢羽根(やばね)の向きが風向，矢羽根の数が風力を表す。

» Q3　気圧が最も低くなっている時刻を選ぶ。

物理の実験・観察
化学の実験・観察
生物の実験・観察
地学の実験・観察

地球の自転・公転と四季の星座

例題 太陽のまわりを公転する地球を，モデル実験でとらえた。

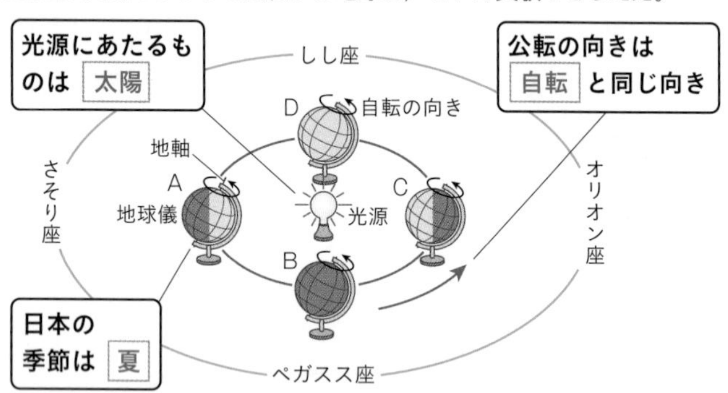

これが問われる!

- Q1 地球がCの位置にあるとき，日本の季節は秋，冬，春のどれ？ **冬**
- Q2 地球がAの位置にあるとき，日本で真夜中に南中する星座は？ **さそり座**
- Q3 地球がBの位置にあるとき，見ることができない星座は？ **しし座**
- Q4 地球がC→Dと公転するとき，真夜中に見えるオリオン座は，どの方位からどの方位へ動いていく？ **南から西**

これもチェック！

□1　左の実験で，地球がCの位置にあるとき，夕方に南中し，真夜中に西に沈む星座は **ペガスス座** である。

□2　天球上での太陽の見かけの通り道を **黄道** という。太陽は，**黄道** 付近にある星座の間を移動して見える。

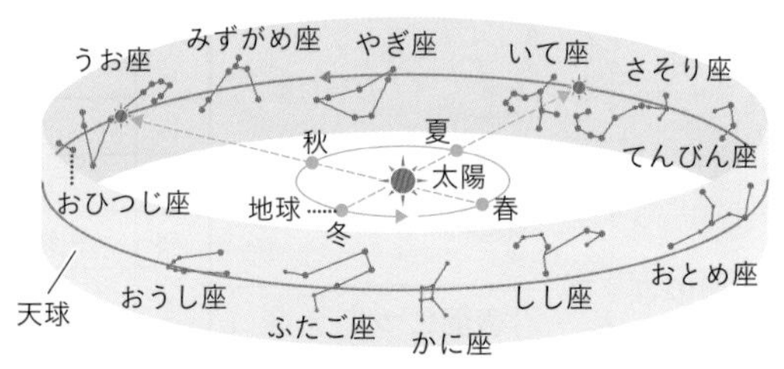

北半球が冬のとき，太陽は夏の星座の方向に見える。

»**Q1**　Aのように，地球の北極側の地軸が太陽の方に傾いているとき，日本の季節は夏である。その逆のCは冬である。地球の公転の向きは自転の向きと同じなので，Bは秋，Dは春となる。

»**Q2**　地球がAの位置にあるとき，光源（太陽）の反対側にある星座（さそり座）が真夜中に南中する。

»**Q3**　地球がBの位置にあるとき，光源（太陽）と同じ側にある星座（しし座）は見ることができない。

»**Q4**　地球がCの位置にあるとき真夜中の真南に見えているオリオン座は，Dの位置にくると，真夜中の西の空に見える。

第15位 露点を調べる実験

例題 金属製のコップに水を入れて，水の温度をゆっくり下げ，コップの表面がくもり始めるときの水温を測定した。

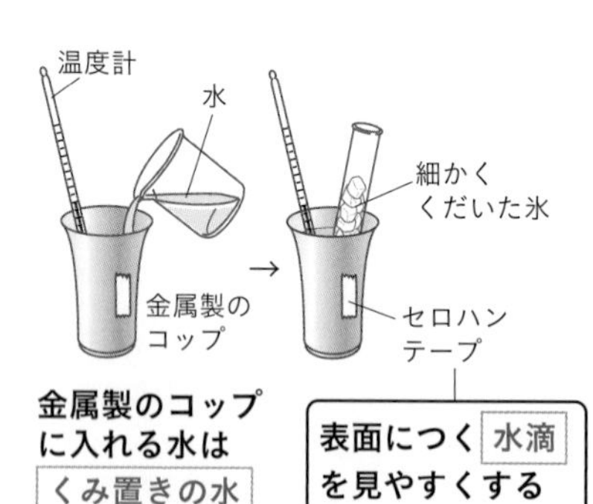

気温〔℃〕	飽和水蒸気量〔g/m³〕
10	9.4
12	10.7
14	12.1
16	13.6
18	15.4
20	17.3
22	19.4

これが問われる!

- □ **Q1** コップは，金属製のものを使用する。それはなぜ？ **熱を伝えやすいから。**
- □ **Q2** コップの水の温度は少しずつ下がるようにした。これは何のため？ **くもり始めるときの温度を正確にはかるため。**
- □ **Q3** この実験で，コップの表面がくもり始めるときの温度は，その空気の何を示す？ **露点**
- □ **Q4** 水温が 18 ℃のときコップの表面がくもり始めた。このとき，空気 1 m³ 中にふくまれる水蒸気量は何 g？ **15.4g**

これもチェック!

□1 露点(ろてん)は，空気中にふくまれる水蒸気量が多いほど **高い** 。

□2 気温が同じ場合，湿度(しつど)が高いほど，コップの表面がくもり始めるときの水温は **高い** 。

□3 湿度が同じ場合，気温が高いほど，コップの表面がくもり始めるときの水温は **高い** 。

□4 気温が 20 ℃，露点が 12 ℃のとき，湿度の計算式は左ページの表から **10.7** ÷ **17.3** × 100 = 61.84…となり，小数第 1 位を四捨五入して湿度を求めると **62** %となる。

この図もおさえる!

▶ 空気中の水蒸気量の状態と露点

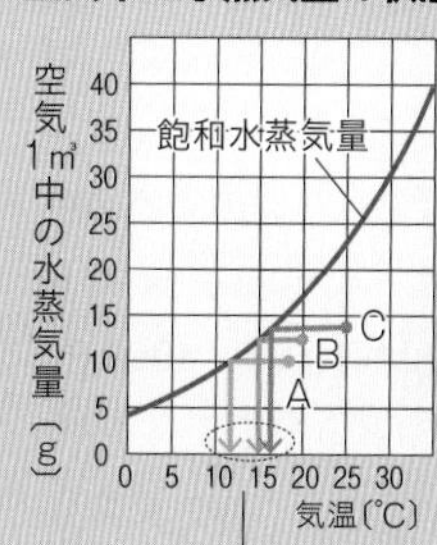

A，B，C の状態の空気がある。
ふくまれる水蒸気量の多い順
➡露点の高い順
➡ **C → B → A**
露点は空気中の水蒸気量で決まり，気温は関係しない。
この温度が A～C の **露点** である。

物理の実験・観察
化学の実験・観察
生物の実験・観察
地学の実験・観察

圧力・大気圧

例題 れんがとスポンジを用いて，れんがの置き方による圧力の変化を調べた。また，大気圧と高さの関係を調べた。

〈れんがの置き方による圧力の変化〉

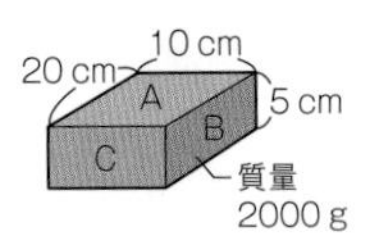

※100 gの物体にはたらく重力を1 Nとする。

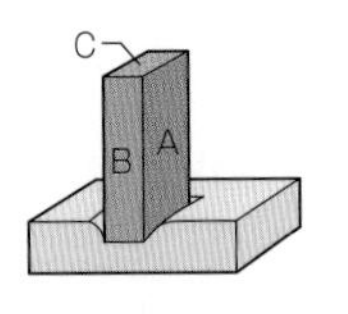

C面が下になるように置く。

れんがにはたらく重力は

$$1\ \mathrm{N} \times \frac{2000\ \mathrm{g}}{100\ \mathrm{g}} = 20\ \mathrm{N}$$

C面の面積は

$$0.1\ \mathrm{m} \times 0.05\ \mathrm{m} = \boxed{0.005}\ \mathrm{m}^2$$

〈大気圧と高さの関係〉

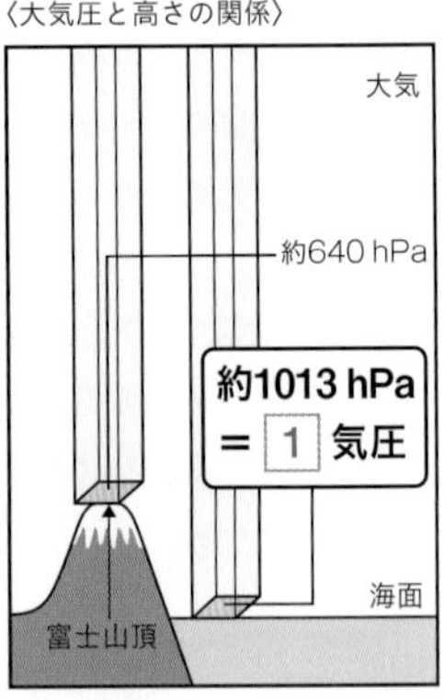

これが問われる!

□ **Q1** れんがのA～Cの面をそれぞれ下にして，スポンジの上に置いたとき，スポンジがいちばんへこむのはどの面のとき？ **C面**

□ **Q2** 図で，れんががスポンジを押す圧力は何Pa？ **4000 Pa**

□ **Q3** 上空にいくほど，大気圧の大きさはどうなる？ **小さくなる。**

短文記述

1　物理の短文記述　196
2　化学の短文記述　200
3　生物の短文記述　210
4　地学の短文記述　218

第1位 浮力・水圧のはたらき

例題 図1のように物体を水中に沈めると，ばねののびは図2のようになった。実験結果から浮力についてわかることを書きなさい。

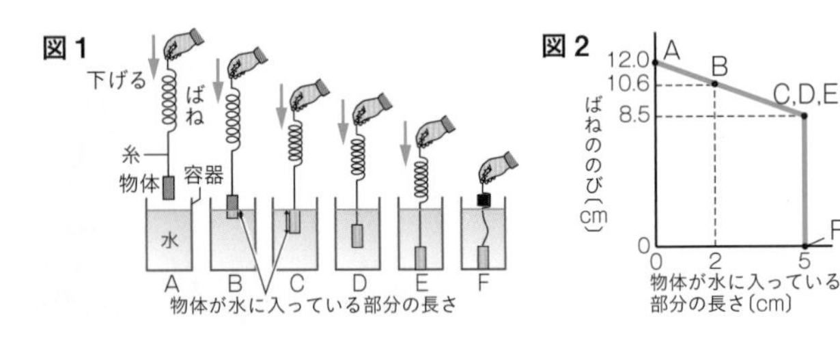

解答例 **水に入っている部分の 体積 が大きいほど，**
物体にはたらく浮力 は大きくなる。

例題 水に沈めたときよりも塩化ナトリウム水溶液に沈めたときの方が物体にはたらく浮力が大きいのはなぜか。水の密度を 1.0 g/cm^3，塩化ナトリウム水溶液の密度を 1.2 g/cm^3 とし，物体の上面と下面にはたらく力をふまえ，「圧力の差」という語を用いて書くこと。 ［徳島県改］

解答例 **塩化ナトリウム水溶液は，水より密度が 大きく ，**
物体の上面と下面にはたらく圧力の差が，水より 大きい ため。

凸レンズでできる像

例題 下の図で光源から凸レンズまでの距離と，凸レンズからスクリーンまでの距離が 10 cm で，凸レンズの焦点距離が 10 cm である。このときスクリーンに像はできず，スクリーンを凸レンズから遠ざけると，いずれの距離でも直径 3 cm の明るい円が同じ大きさとして映った。この理由を，「平行」という語を用いて説明しなさい。

ただし，光源から出た光は凸レンズの軸上の１点から出たものとする。

[埼玉県改]

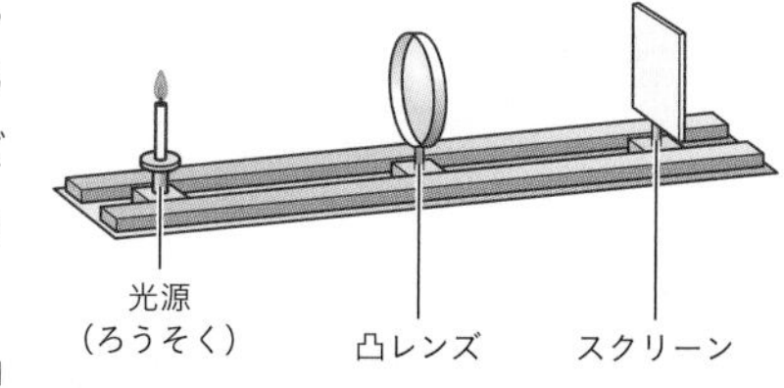

解答例 **焦点 から出た光は，凸レンズを通ったあと，凸レンズの軸に 平行 に進むから。**

これもチェック! **レンズの一部をおおっても像はできる。**

例題 スクリーンにろうそくの炎全体の像が映っているとき，図のように凸レンズの一部を手でおおった。像はどのようになるか。

解答例 **炎全体 が映るが，凸レンズを手でおおった分，レンズを通過する光の量が少なくなるので，像は 暗く なる。**

第3位 力学的エネルギーの保存

例題 斜面上のａ点に金属球を置き，手をはなすとｂ～ｋ点を通って最高点ｚに達した。次に水平面の一部に布をはり，同じようにａ点に金属球を置いて手をはなしたところ，最高点はｚより低くなった。その理由を書きなさい。

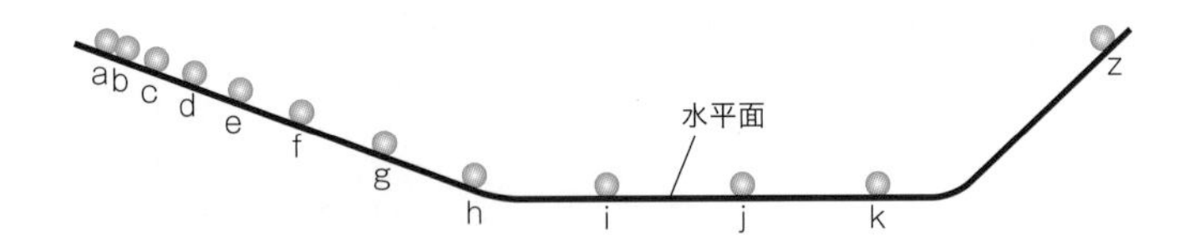

解答例 **摩擦（力）** **により，力学的エネルギーが減少したため。**

例題 上の実験で，布をはる前に，斜面の傾きを大きくし，ａ点と同じ高さで手をはなしたときの金属球の水平面上を運動する速さはどうなるか，理由とともに書きなさい。

解答例 **斜面上で手をはなすときにもっている金属球の** **力学的エネルギー** **は同じなので，速さは同じになる。**

例題 上の実験で，斜面の角度は変えずに，同じ斜面上で金属球をはなして，水平面を通過する速さを大きくする方法を書きなさい。

解答例 **金属球をはなす位置を** **ａ点より高く** **する。**

等速直線運動

例題 記録タイマーのスイッチを入れたあと，台車から静かに手をはなし，台車が斜面を下りて水平面上をまっすぐに進んでいく運動を記録した。台車が水平面に達した後は，記録テープの打点間の長さが変わらなくなり，等速直線運動をした。その理由を簡単に書きなさい。

テープ
記録タイマー
水平面
台車
木片
斜面の角度

解答例 **台車の運動の向きに力が [はたらいていない] から。**

誘導電流

例題 図のように，低い位置から棒磁石を筒の中に静かに落下させると，コイルに電圧が生じた。棒磁石を落下させる位置を高くすると，コイルに生じる電圧は大きくなる。その理由を「低い位置より，コイルの中に入る棒磁石の」に続けて簡単に書きなさい。

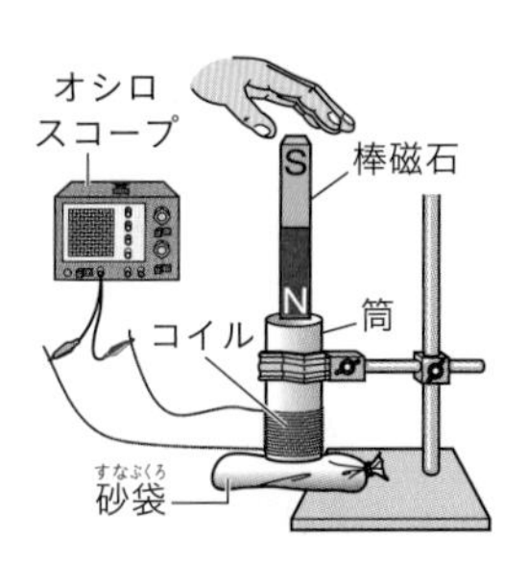

解答例 **低い位置より，コイルの中に入る棒磁石の [動きが速いから] 。**

第1位 気体の集め方

例題 図のように，試験管aに酸化銀を入れて加熱し，気体を発生させた。このとき，はじめに出てくる気体は集めなかった。その理由を書きなさい。

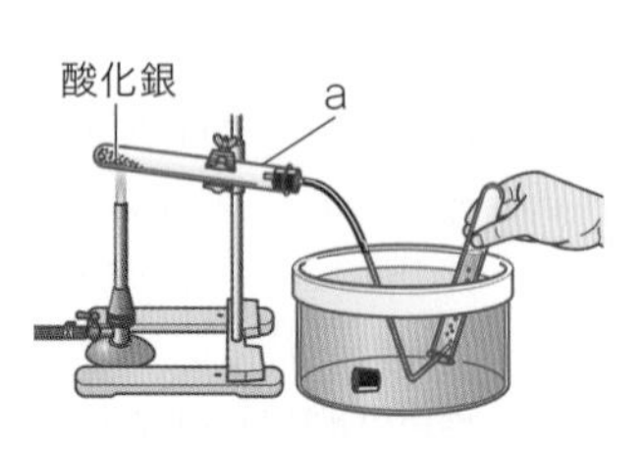

解答例 **はじめは［試験管やガラス管の中の空気が出てくる］ため。**

例題 水上置換法で酸素を集められるのは，酸素にどのような性質があるためか。

解答例 **［水にとけにくい］性質があるため。**

水上置換法で集められる気体には，酸素，水素，二酸化炭素などがあるよ。

例題 発生した気体が酸素であることを確かめるために，試験管に集めた気体に対してどんな操作を行えばよいか。酸素の性質に着目して，書きなさい。

解答例 **酸素は［ものを燃やす］性質があるので，［火のついた線香］を試験管の中に入れ，［炎が大きく］なるか確認する。**

これもチェック! 気体のにおいを確認するときの注意点

例題 気体のにおいを安全に確認するためには，保護めがねの着用や十分な換気(かんき)を行う以外に，どのようにすればよいか。

解答例 **気体を 手のひら で鼻にあおぎよせるようにして，気体を 直接吸いこまない ようにする。**

これもチェック! アンモニアの噴水(ふんすい)の実験

例題 図のように，アンモニアをかわいたフラスコに集め，フラスコの中にスポイトの水を少量入れると，ビーカーの水がガラス管を上り，フラスコの中で噴水となった。この理由を「圧力(あつりょく)」という語を用いて書きなさい。

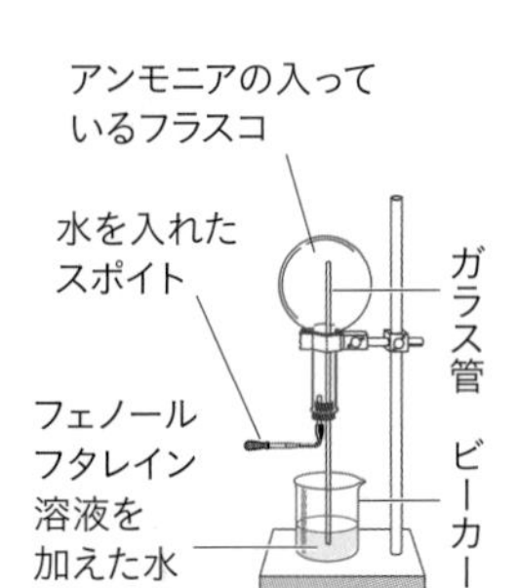

解答例 **フラスコの中の アンモニアが水にとけて ，フラスコ内の圧力が 下がった ため。**

例題 上の図で，ビーカーのフェノールフタレイン溶液を加えた水がフラスコ内に噴出したときの色の変化を，その理由をつけて書きなさい。

解答例 **アンモニアは 水にとけてアルカリ性を示す ので， 赤 色になる。**

第2位 水溶液とイオン

例題 図の実験で，純粋な水ではなく塩化ナトリウム水溶液で，ろ紙をしめらせる理由を書きなさい。

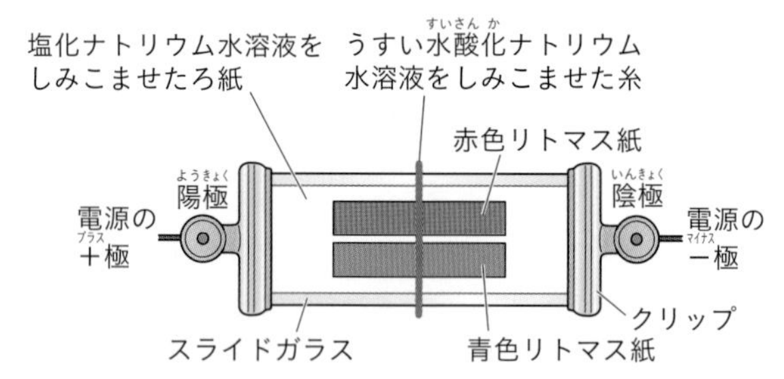

解答例 **電流が流れる** **ようにするため。**

例題 図のダニエル電池でセロハンチューブをビニル袋にかえると，モーターは回らず，電流は流れなかった。電流が流れなくなった理由を，イオンという言葉を用いて簡単に書きなさい。

解答例 **電流を流すために必要な** **イオンが移動** **できないから。**

これもチェック! 塩酸の電気分解

例題 図の装置で塩酸を電気分解すると，陽極にたまった気体の量が陰極にたまった気体の量よりとても少なかった。これは陽極から発生した気体にどのような性質があるからか。

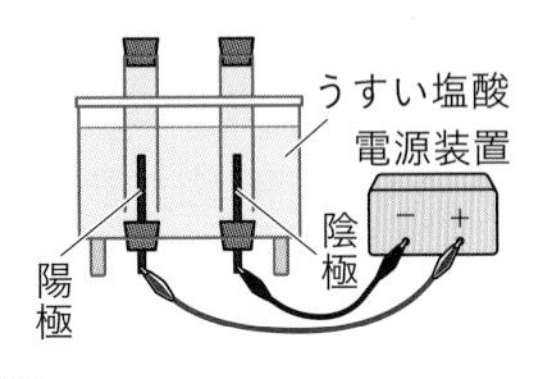

解答例 **陽極から発生した気体である 塩素 は，水にとけやすい 性質があるから。**

例題 電気分解後，陽極の近くの液を赤インクで着色した水にたらすと，赤色が消えた。その理由はなぜか。

解答例 **陽極から発生した 塩素 には，漂白作用 があるから。**

これもチェック! マイクロスケール実験

例題 金属のイオンへのなりやすさを調べる実験で，マイクロプレートを用いた。このように小さな器具と少量の薬品を用いて行うマイクロスケール実験の長所を１つ書きなさい。

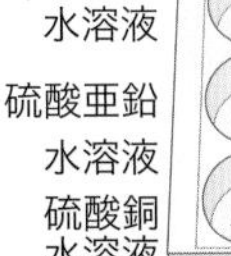

解答例
- **薬品の使用量 を減らして，安価に安全に実験できる。**
- **廃液の量 を減らせるので環境への影響が小さい。**
- **一度にたくさんの実験を同じ環境のもとで行うことができる など。**

第3位 加熱するときの注意点

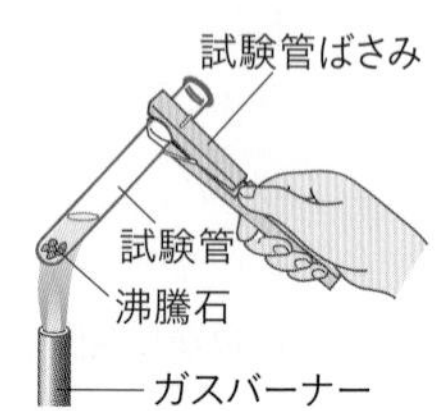

例題 図のように，試験管を軽く振りながら，中の液体を加熱する。液体の中に沸騰石を入れて加熱するのはなぜか。

解答例 **液体が 急に沸騰 して，熱せられた液体が 飛び出すのを防ぐ ため。**

例題 上の実験操作で，他の人への危険防止のために，もう１つ注意しなければならないことは何か。

解答例 **試験管の口 を，人のいる方向に向けないようにする。**

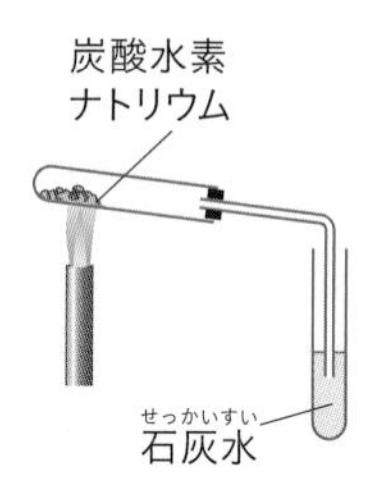

例題 図のように，乾いた試験管に炭酸水素ナトリウムの粉末を入れ，加熱した。この実験で試験管の口を底より下げるのはなぜか。

解答例 **加熱により 水（液体） が発生したとき，水（液体） が 加熱部分 にふれて 試験管が割れる のを防ぐため。**

実験操作は短文記述の形で問われやすいよ。

溶解度・再結晶

例題 ビーカーA，Bに水を100gずつ入れ，水の温度50℃でビーカーAは硝酸カリウム，ビーカーBは塩化ナトリウムの飽和水溶液をつくった。

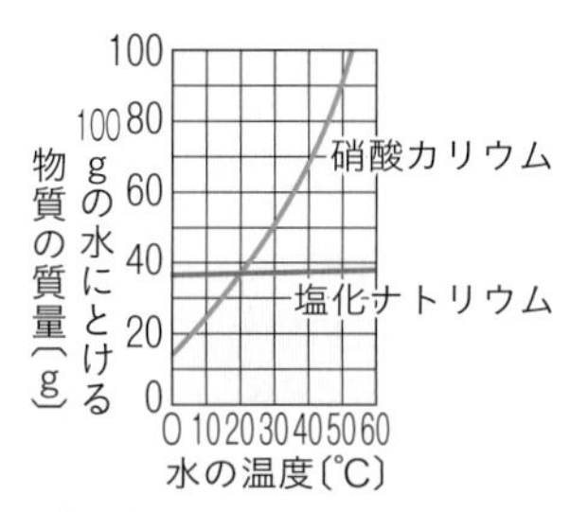

その後，それぞれの飽和水溶液の温度を10℃まで下げたところ，ビーカーAでは多くの結晶が出てきた。一方，ビーカーBでは結晶がほとんど出てこなかった。

その理由を，図を参考にして，「溶解度」，「水の温度」という2つの語を用いて簡単に書きなさい。

解答例 **ビーカーBは 塩化ナトリウム水溶液 で，水の温度による 溶解度の変化 がほとんどないから。**

例題 硝酸カリウム水溶液から結晶をとり出す方法を1つ書きなさい。

解答例 **・水溶液の 温度を下げる 。**
・水溶液を 熱して水を蒸発させる 。

例題 水溶液を冷やしても，ほぼ結晶が出なかった水溶液の溶質を，結晶としてとり出す方法を1つ書きなさい。

解答例 **水溶液を 熱して水を蒸発させる 。**

第5位 酸化銅の還元

例題 図のような装置で，酸化銅から銅をとり出す実験を行った。加熱すると，石灰水が白くにごり，酸化銅は銅に変化した。

　この変化における炭素のはたらきを，発生した気体名を用いて簡単に書きなさい。

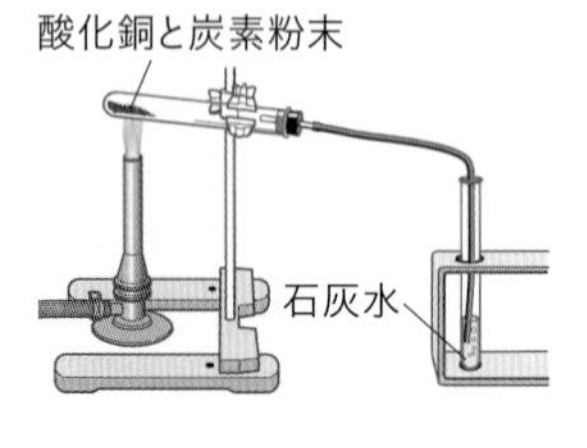

解答例 **炭素は，酸化銅の 酸素をうばって 酸化して 二酸化炭素 となり，酸化銅を銅に還元した。**

例題 この実験で加熱をやめる前に，ガラス管を石灰水の外へとり出すのはなぜか。

解答例 **石灰水が 逆流 するのを防ぐため。**

例題 火を消したあと，図のようにゴム管をピンチコックで閉じた。ピンチコックで閉じないと，どのようなことが起きるか書きなさい。

解答例 **試験管に 空気が入り ，
銅が 空気中の酸素と結びついて 酸化銅になる。**

第6位 状態変化と密度

例題 図のように少量のエタノールを入れ，空気をぬいて密閉したポリエチレンの袋に約90℃の熱い湯を注いだところ，袋が大きくふくらみ，袋の中の液体のエタノールは見えなくなった。このとき，エタノールの密度は，熱い湯を注ぐ前と比べてどのように変化したか。

解答例 **質量は［変化せず］，体積だけが［増加した］ので，密度は［小さくなった］。**

第7位 化学電池

例題 ダニエル電池を長い時間使用したとき，亜鉛板の表面がぼろぼろになり細くなっているようすが見られた。理由を簡単に書きなさい。

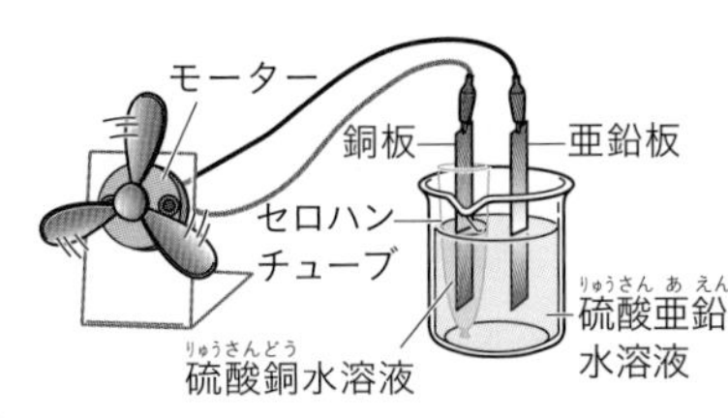

解答例 **［亜鉛原子］が［電子］を失い，［亜鉛イオン］になって水溶液中にとけ出したため。**

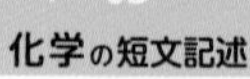

第8位　物質の見分け方

例題　砂糖水と食塩水を区別する適切な実験の方法を書き，その実験結果をもとに2つの水溶液が何であるか説明しなさい。ただし，実験は水溶液の状態で行うものとし，味を調べる方法は除く。

解答例　**水溶液に 電流を流す 実験を行う。**
その結果， 電流が流れた 水溶液が食塩水，
流れなかった 水溶液が砂糖水である。

例題　炭酸水素ナトリウムを試験管に入れて加熱すると，白い物質が残った。この物質が炭酸水素ナトリウムとは別の物質であることを確かめる方法を簡単に書きなさい。

解答例　**水溶液にして フェノールフタレイン溶液 を加え，色の変化を比べる。**

炭酸水素ナトリウムを熱分解すると，水と二酸化炭素と炭酸ナトリウムが生じるよ。

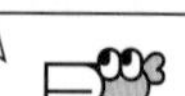

例題　鉄を加熱してできる酸化鉄や，鉄を硫黄と反応させてできる硫化鉄に，鉄の性質があるかどうかを確かめるためにはどのような実験をすればよいか。実験方法を2つ書きなさい。ただし，水溶液は使わないものとする。

解答例
- **磁石につく か調べる。**
- **電流が流れやすい か調べる。**
- **みがいて光沢が出る か調べる。　など**

第9位 化学変化と質量

例題 塩酸と石灰石を図のように容器に入れ，ふたをして反応前の質量を測定した。その後，塩酸と石灰石を混ぜ，反応後の容器全体の質量を測定した。その結果，容器全体の質量が反応前後で同じだった。

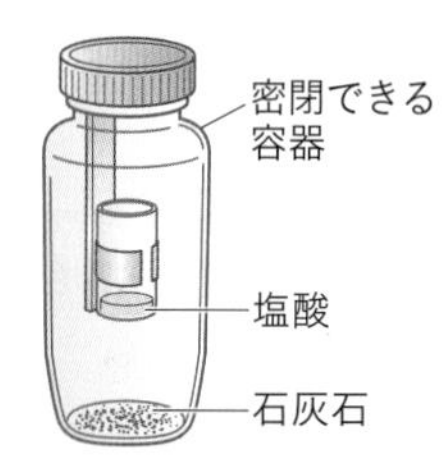

容器全体の質量が反応前後で同じだった理由を，化学変化における原子の種類，数，組み合わせの3点から簡単に書きなさい。

解答例 **反応の前後で 原子の組み合わせ は変わるが， 種類と数 は変わらないから。**

例題 上の実験後，一度ふたを開けてまたすぐ閉め，質量をはかると質量が減っていた。この理由を簡潔に書きなさい。

解答例 **発生した気体が 空気中に出ていった から。**

次のような化学反応が起こっているよ。

$$2HCl + CaCO_3 \longrightarrow CaCl_2 + H_2O + CO_2$$

$2HCl$	$CaCO_3$	$CaCl_2$	H_2O	CO_2
塩酸	炭酸カルシウム（石灰石）	塩化カルシウム	水	二酸化炭素

第1位 形質と遺伝子

例題 有性生殖において，子の形質が親の形質と異なることがある理由を，「受精」「染色体」の２語を用いて簡単に書きなさい。

解答例 **受精によって 両方の親 から**
それぞれの染色体にふくまれる遺伝子を受けつぐから。

例題 無性生殖では，子の形質は親の形質と比較してどのようになるか。親から子への遺伝子の受けつがれ方に着目して書きなさい。

解答例 **親の遺伝子をそのまま受けつぐ ため，**
形質は親と同じになる。

例題 ジャガイモの「いも」を植えると，もとのジャガイモと形質が同じジャガイモをつくることができる。形質が同じになる理由を，分裂の方法と遺伝子に着目して簡単に書きなさい。

解答例 **新しい個体は 体細胞分裂 でふえ，**
遺伝子がすべて 同じ であるから。

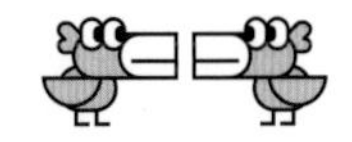

光合成（こうごうせい）のはたらき

例題 葉でつくられたデンプンを調べる実験で，アサガオの葉をあたためたエタノールにつけることによって，ヨウ素液（そえき）につけたときの色の変化が見やすくなるのはなぜか。その理由を簡単に書きなさい。

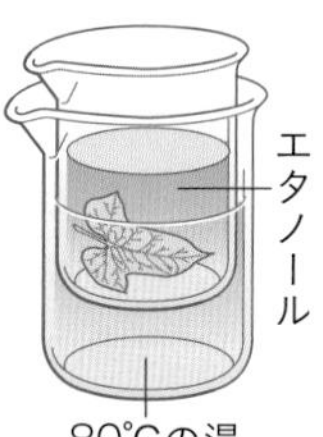

解答例 **葉が 脱色 されるため。**

例題 図の実験で試験管Yは対照実験（たいしょうじっけん）のために用意したものである。試験管Yに光を当てる実験から，どのようなことがわかるか，「光」と「BTB溶液」という2語を用いて，簡単に書きなさい。

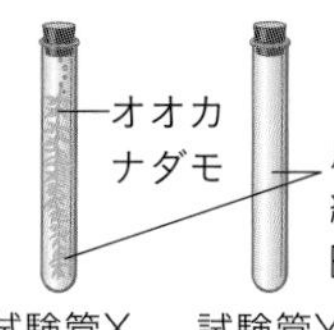

試験管	BTB溶液の色
X	青色
Y	緑色

解答例 **光を当てるだけでは，BTB溶液の色が変化しないこと。**

例題 上の実験で，試験管X内の液がアルカリ性になり，BTB溶液が青色を示したのはなぜか。

解答例 **オオカナダモによって光合成が行われ，とけていた二酸化炭素が使われたから。**

第3位 蒸散のはたらき

例題 葉の枚数や大きさなどがほぼ同じホウセンカを３本用意し，水の入った試験管に入れ，油を注いで水面をおおった。ホウセンカはA～Cのように処理し，一定時間後の水の減少量を求めた。水面に油を注いだのはなぜか。

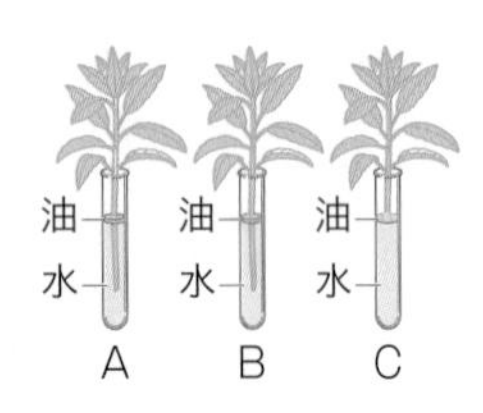

A	どこにもワセリンをぬらない
B	葉の表側にワセリンをぬる
C	葉の裏側にワセリンをぬる

解答例 **水面から水が蒸発する のを防ぐため。**

例題 上の実験で，水の減少量はAが5.0 g，Bが3.8 g，Cが1.4 gであった。このような水の減少量の差は，葉の表側と裏側の表皮のつくりにどのようなちがいがあるからか。

解答例 **葉の 裏 側の方が， 表 側より 気孔の数 が多いから。**

これもチェック！ 植物の分類

例題 ホウセンカに見られるAのような太い根とBのような細い根は，双子葉類に見られる特徴の１つである。双子葉類に見られる根以外の特徴を１つ簡単に書きなさい。

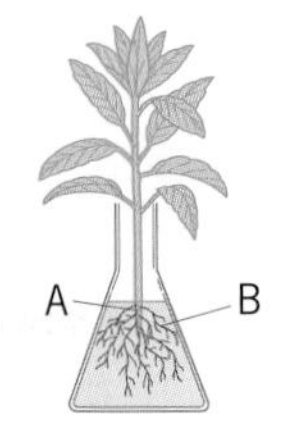

解答例 **葉脈が網目状 ， 子葉が２枚 ， 茎の維管束が輪状 など**

微生物のはたらき

図1のように森林の土を処理した。その後，試験管P～Rを用意し，図2のようにそれぞれ溶液を加え，アルミニウムはくでふたをして室温で3日間放置した。P～Rの試験管にヨウ素液を加えると表の結果になった。試験管Qの色が変化しなかった理由を書きなさい。

［青森県改］

図1

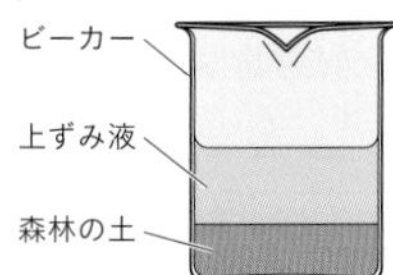

森林の土と蒸留水をよくかき混ぜた後しばらく放置して微生物をふくむ上ずみ液をつくった。

図2

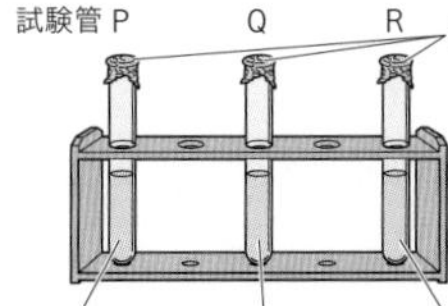

試験管	P	Q	R
ヨウ素液の色の変化	青紫色になった	変化しなかった	青紫色になった

解答例 **微生物が デンプンを分解した ため。**

例題 上の実験で試験管Rの色が変化した理由を書きなさい。

解答例 **上ずみ液を沸騰させることで，**
微生物が 死んでしまい，デンプンが分解されなかった ため。

第5位 だ液のはたらき

例題 試験管を2本用意し，一方の試験管にはデンプン溶液（ようえき）と水を，もう一方の試験管にはデンプン溶液と水でうすめただ液を入れ，それぞれの試験管を約40℃に保った。実験開始直後と20分後にそれぞれの試験管の溶液を新しい試験管に適量とり，試薬を加えて色の変化を調べると表のようになった。ただし，水でうすめただ液を約40℃に保ち試薬を加えても色の変化はないものとする。またベネジクト液を加えた試験管は，ガスバーナーで加熱するものとする。

	加えた試薬	試薬の反応による色の変化	
		直後	20分後
デンプン溶液＋水	ヨウ素液	○	○
	ベネジクト液	×	×
デンプン溶液＋だ液	ヨウ素液	○	×
	ベネジクト液	×	○

○:変化あり
×:変化なし

実験結果の表から，だ液のはたらきについてわかることを簡単に書きなさい。

解答例 **だ液には デンプンを糖に分解する はたらきがあること。**

例題 実験で，デンプン溶液と水でうすめただ液を入れた試験管を約40℃に保ったのはなぜか。「ヒトの」に続けて書きなさい。

解答例 **ヒトの 体温に近づける ため。**

第6位 反射(はんしゃ)

例題 無意識に起こる反応(はんのう)は，刺激(しげき)を受けてから反応するまでの時間が，意識して起こす反応のときよりも短い。この理由を「脳(のう)」「脊髄(せきずい)」の２語を用いて簡単に書きなさい。

解答例 **刺激の信号が [脳] に伝わる前に，[脊髄] などから命令の信号が出されるから。**

第7位 肺(はい)・柔毛(じゅうもう)のつくり

例題 肺は，肺胞(はいほう)という小さな袋がたくさんあることで，酸素(さんそ)と二酸化炭素(にさんかたんそ)の交換を効率よく行うことができる。それはなぜか。

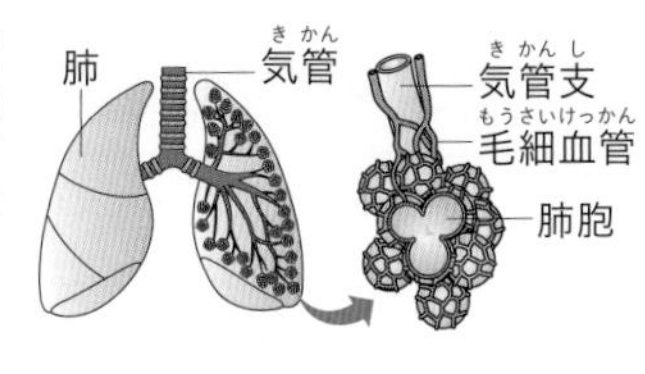

解答例 **肺胞がたくさんあることで，[空気] にふれる [表面積] が大きくなるから。**

例題 小腸(しょうちょう)に柔毛がたくさんあると，効率よく養分(ようぶん)を吸収することができる。それはなぜか。

解答例 **小腸内の [表面積] が [大きく] なるから。**

動物のなかま分け

例題 両生類について，一生における呼吸のしかたの変化を，呼吸器官の名称を用いて簡単に書きなさい。

解答例 **子のときは［えらと皮膚］で呼吸し，成長して大人になると［肺と皮膚］で呼吸する。**

例題 エビなどの節足動物の骨格のつくりについて，背骨が無いこと以外の特徴を書きなさい。

解答例 **［外骨格］がからだの外側をおおっている。**

草食動物と肉食動物のちがい

例題 ライオンとシマウマのからだのつくりについて，次の文中にあてはまる内容を簡単に書きなさい。

解答例 **ライオンの目のつき方は，シマウマの横向きの目のつき方に比べて，［立体的］に見える範囲が広いので，えものを追いかけるときに［距離をはかる］ことに役立っている。シマウマは，草を［すりつぶす］ようにして食べることに適した［臼歯］が発達している。**

血液のはたらき

例題 ヘモグロビンの性質について，「酸素が多いところでは」「酸素が少ないところでは」に続けて，それぞれ簡単に書きなさい。

解答例 **酸素が多いところでは 酸素と結びつく 。**
酸素が少ないところでは 酸素をはなす 。

呼吸のはたらき

例題 図のようなヒトの肺のモデルをつくって，ゴム膜を操作したときのゴム風船の動きを調べた。ゴム膜の中央を下に引くと，ガラス管から空気が入り，ゴム風船がふくらんだ。ゴム風船がふくらんだ理由を書きなさい。

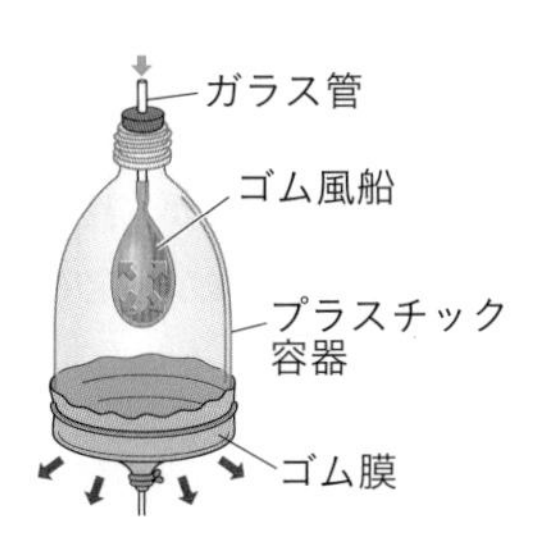

解答例 **ゴム風船のまわりの気圧 が下がったため。**

例題 ヒトの肺について，次の文中にあてはまる内容を書きなさい。

解答例 **ヒトの肺では，ゴム膜のかわりに 横隔膜が上がったり下がったり することで空気を出し入れすると考えられる。**

金星の見え方

例題　金星を真夜中に観察することができない理由を，「地球」「公転」という2つの語を用いて書きなさい。

解答例　**金星が 地球よりも内側を公転している から。**

地球から真夜中に観察できない天体には，他に水星があるよ。

例題　金星と月の見え方を比べたとき，金星は見かけの大きさが変化するが，月は見かけの大きさがほとんど変化しない。この理由を金星と月のちがいにふれて，書きなさい。

解答例　**金星は 太陽 のまわりを公転しているため，地球との距離が変化するが，月は 地球 のまわりを公転しているため，地球との距離が一定であるから。**

岩石の観察

例題　砂岩の粒が丸みを帯びている理由を書きなさい。

解答例　**流水に運ばれて，角がけずられた から。**

角ばった破片が入る堆積岩である凝灰岩も覚えておこう。

雲のでき方

例題 図のように，容器の中をぬるま湯でぬらし，線香のけむりを入れて中の空気をぬくと，容器の内側がくもった。次に，同じ種類の容器に温度計を入れ，容器の中の空気をぬくと，中の温度は下がった。容器の中がくもるしくみを，簡単に書きなさい。

解答例 **容器の中の 空気の温度が下がり，露点に達する と，水蒸気が凝結して水滴と なり，容器の内側がくもる。**

例題 図のような装置で，すべてのビーカーに線香のけむりを少量入れ，ビーカー内部のようすを観察した。

装置A…白いくもりが見られた。
装置B…変化が見られなかった。
装置C…変化が見られなかった。

装置AとB，AとCの結果を比較し，霧（きり）が発生する条件についてわかることを，ビーカー内の空気の状態に着目して，それぞれ簡単に書きなさい。

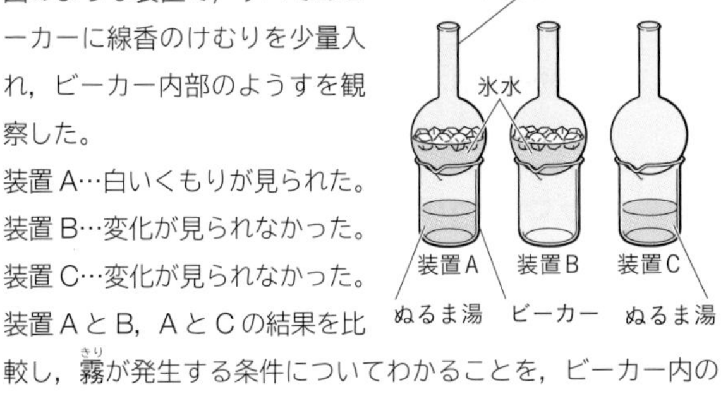

解答例 **AとB… 空気により多くの水蒸気がふくまれる こと。**
AとC… 水蒸気をふくんだ空気が冷やされる こと。

第4位 地震（じしん）

例題 震央（しんおう）と震源（しんげん）の深さがほぼ同じ地震を比べたとき，マグニチュードの値（あたい）が大きい地震は，マグニチュードの値が小さい地震と比べてどのようなちがいがあるか。ゆれの伝わる範囲（はんい）について書きなさい。

解答例 **ゆれの伝わる範囲が［広い］。**

例題 震源からある程度離（はな）れたところには，緊急地震速報（きんきゅうじしんそくほう）によって大きなゆれを事前に知らせることができる。「P波（ピーは）」「S波（エスは）」という2語を用いてその理由を説明しなさい。

解答例 **P波はS波より［早く伝わる］ため，最初に観測された［P波］を分析することで，大きなゆれを起こす［S波］の到着時刻や震度を予測することができるから。**

第5位 マグマのねばりけと火山（かざん）

例題 マグマのねばりけが強い火山では，爆発的（ばくはつ）な噴火（ふんか）をすることがある。その理由について次の文にあてはまる内容を書きなさい。

解答例 **ねばりけが強いので，マグマから火山ガスなどの気体成分が［ぬけにくい］から。**

第6位 前線の通過

例題 図はある日の気象観測の一部である。この日の18時ごろに気温が急に下がったことから推測される気象現象を書きなさい。

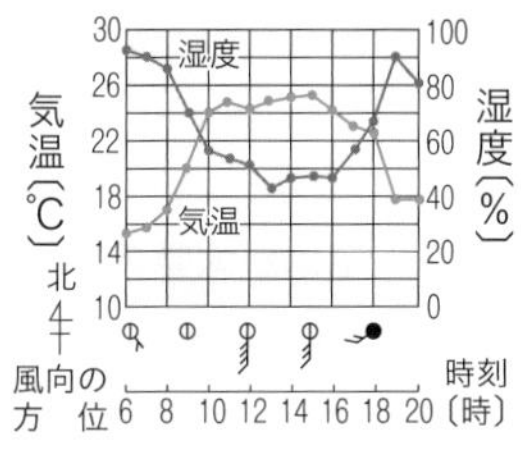

解答例 **寒冷前線が通過した**。

例題 寒冷前線の通過時に起こることが多い，気象の変化を2つ書きなさい。

解答例
- **短時間に強い雨が降る**。
- **気温が下がる**。
- **風向きが北寄りになる**。 **など**

第7位 月食

例題 月食とは何か。「影」という語を用いて説明しなさい。

解答例 **月食は，月が 地球の影に入る 現象である。**

例題 月の形が満月のとき，月食は必ず起こるか。

解答例 **起こらない**。

第8位 南中高度の変化

例題 日本では，昼の長さや太陽の南中高度の変化により四季が生じる。四季によって昼の長さや太陽の南中高度が変化する理由を「公転」という語を用いて書きなさい。

解答例 **地球が太陽のまわりを［公転面に対して地軸を傾けたまま］，公転しているから。**

例題 冬よりも夏の気温が高くなる理由について，次の文にあてはまる内容を書きなさい。

解答例 **夏と冬の南中高度を比べると，［夏］の方が高くなる。太陽の光が当たる角度が地面に対して垂直に近いほど，同じ面積に［当たる日光の量が多くなる］。さらに，夏と冬の太陽が出ている時間を比べると，［夏］の方が長い。よって，冬よりも夏の気温が高い。**

第9位 露点

例題 はいた息が白く見える理由を「露点」「水蒸気」という2語を用いて簡単に書きなさい。

解答例 **はいた息の温度が露点よりも［下がった］ため，息の中の水蒸気が［水滴］に変わったから。**

地層の観察

例題 海底で堆積した地層の，れきの層，砂の層，泥の層のうち，最も岸から離れた場所に堆積した層は泥の層であると考えられる。その理由を「粒の大きさ」という語を用いて書きなさい。

解答例 **泥は，粒の大きさが小さく，［遠くまで運ばれるから］。**

例題 化石が火成岩の中から見つからないのはなぜか。

解答例 **火成岩は［マグマが冷えて固まってできた］ものであるから。**

天気の変化

例題 日本の冬は，日本海側では雪，太平洋側では晴れの天気となることが多い。この理由を「山脈」という語を用いて，気圧配置にふれて書きなさい。

解答例 **［西高東低］の気圧配置による乾いた［北西］の季節風が，日本海の上を通過する間に多量の水蒸気をふくみ，山脈で［雪を降らせ］，乾燥してから太平洋側に流れるため。**

よく出る作図をチェック!

机の上の物体

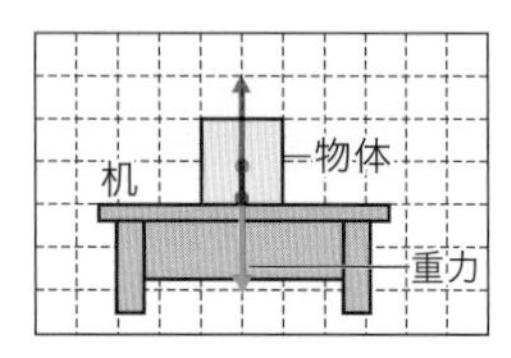

▶地球が物体を引く力（重力）と，机が物体を押し返す力（垂直抗力）は，同じ大きさで向きが反対。作用点の位置に注意!

つり下げられた物体

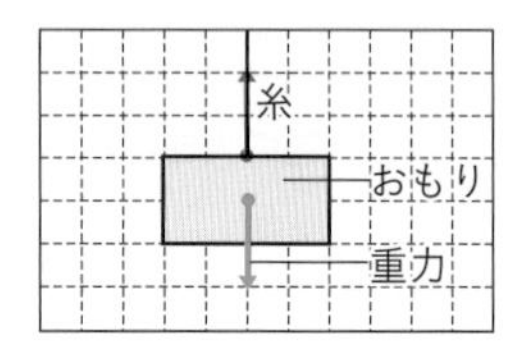

▶物体にはたらく重力と，糸が物体を引く力は，同じ大きさで向きが反対。作用点の位置に注意!

机の上の物体を横から押したとき（摩擦力）

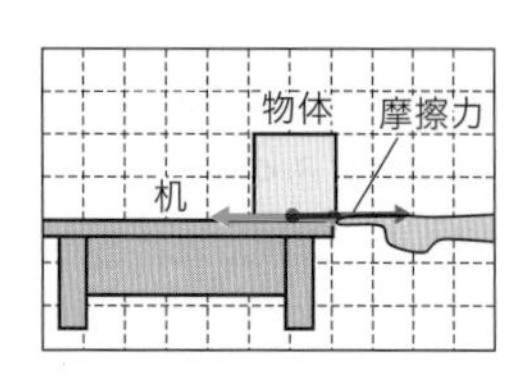

▶手が物体を押す力と，摩擦力は，同じ大きさで向きが反対。

① 斜面上の物体（力の分解）

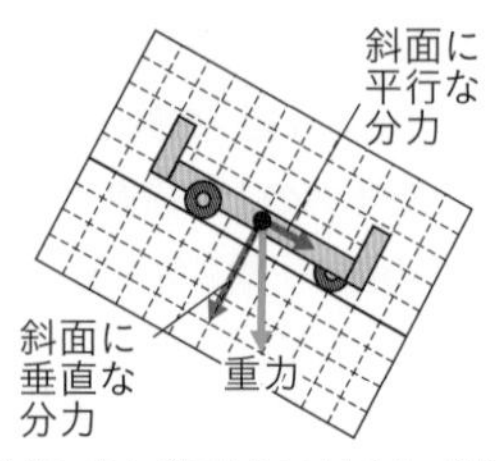

▶物体に重力が下向きにはたらく。斜面に垂直な方向の分力と，斜面に平行な方向の分力は，図のようになる。

力の合成

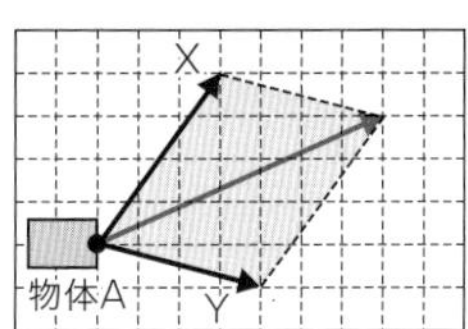

▶ 2力（X，Y）の矢印を2辺とする平行四辺形をかいたとき，平行四辺形の対角線が合力になる。

光の鏡による反射

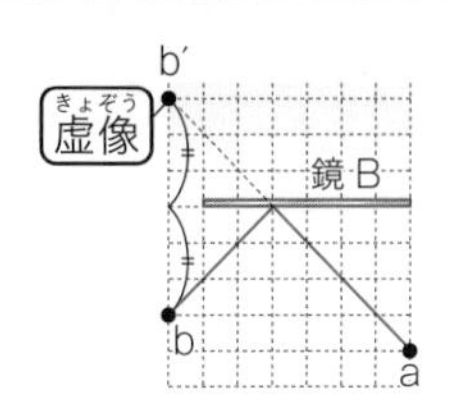

▶ 物体bと鏡に対して対称な点b′をとる。点b′と目の位置aを結ぶ線を引き，鏡の面と交わった点が光の反射する点になる。

原子・分子のモデル

▶ 銅原子を●，酸素原子を○として，銅の酸化をモデル式で表すと以下のようになる。

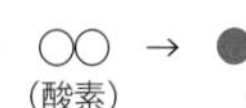

気象要素

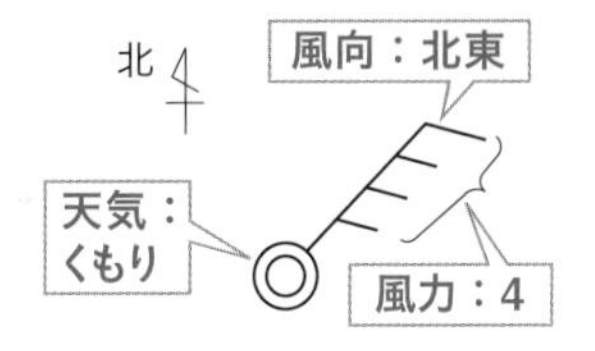

3 凸レンズを通る光線

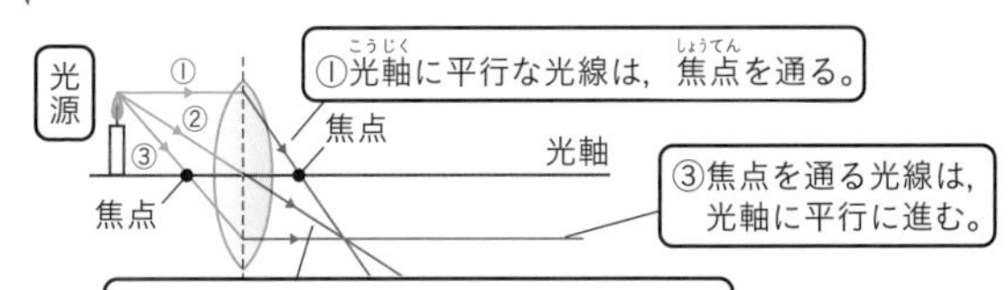

よく出るグラフをチェック!

力の大きさとばねののび

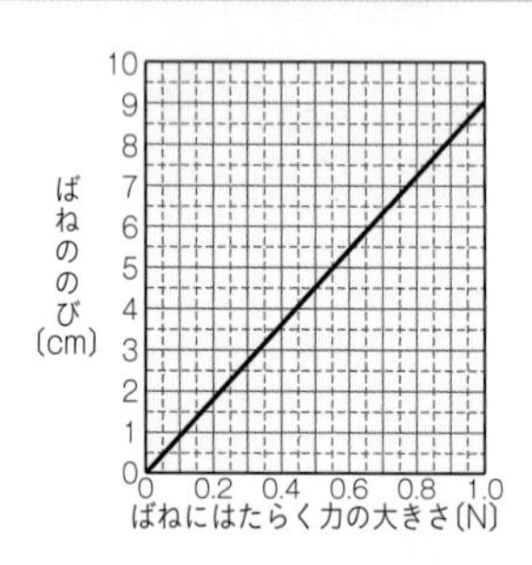

▶グラフは原点を通る直線になる（→比例関係）。

① 電流と電圧

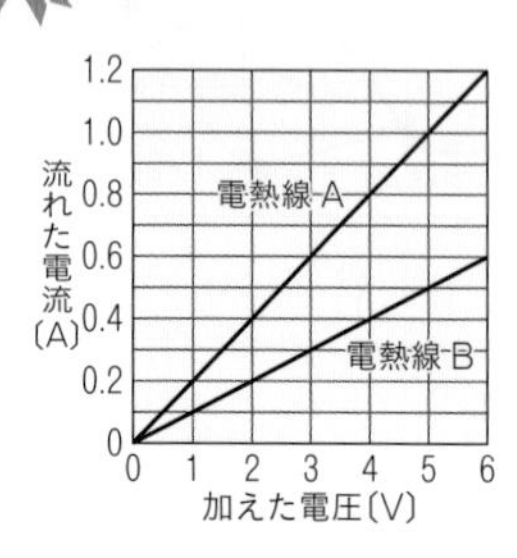

▶グラフは原点を通る直線になる（→比例関係）。図で抵抗の値が大きいのは，電熱線B。

② 力学的エネルギーの保存

例：振り子の運動

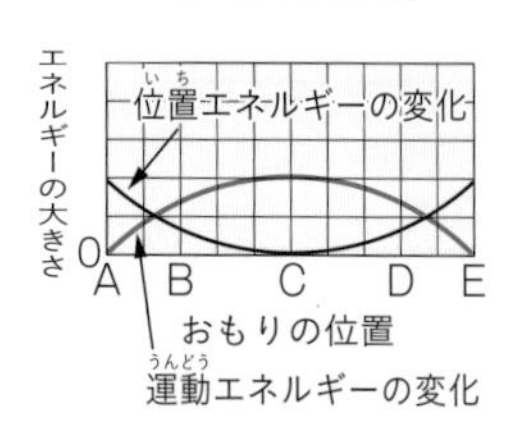

▶位置エネルギーと運動エネルギーの和は一定。

金属と結びつく酸素の質量

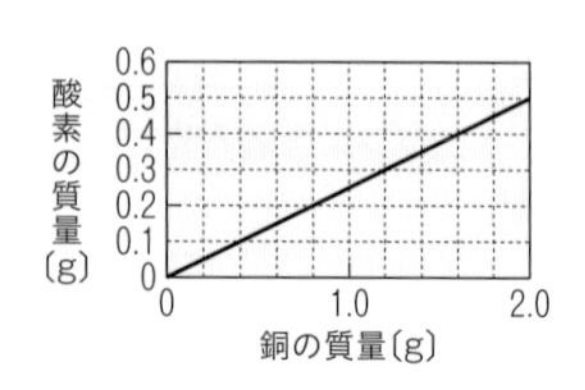

▶グラフは原点を通る直線になる（→比例関係）。

溶解度

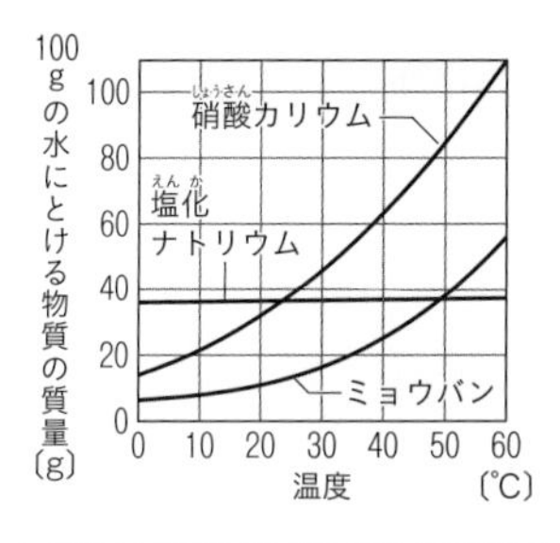

▶塩化ナトリウムがとける量は水の温度を上げてもほとんど変わらない。

金属の加熱回数と質量の変化

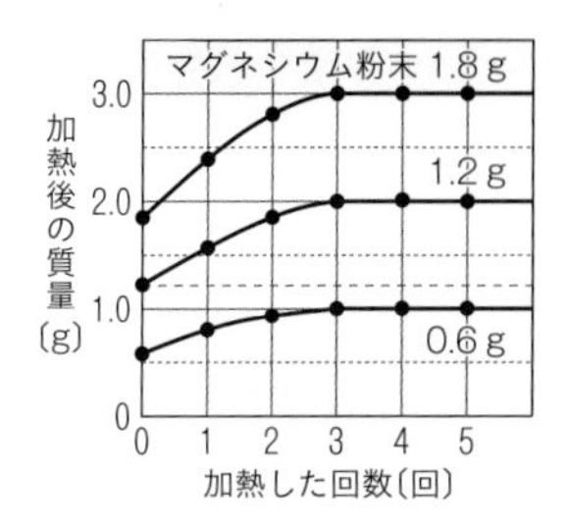

▶一定の質量の金属を加熱し続けても，金属が完全に酸化するとそれ以上質量はふえない。

③ 水酸化ナトリウム水溶液と塩酸の中和（各イオンの増減）

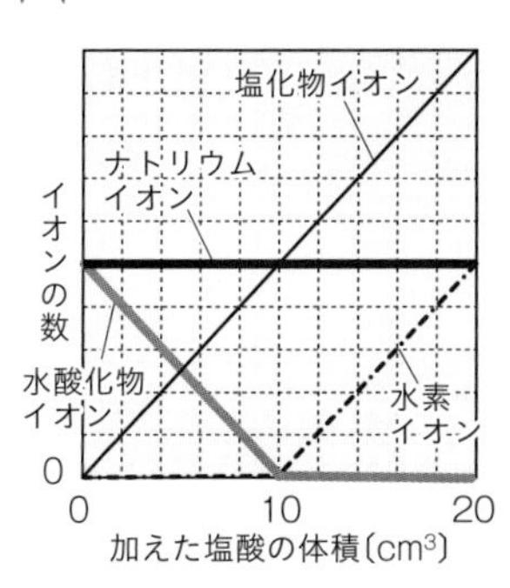

▶水酸化物イオンは中性になるまで減り続け，中性で0になる。

初期微動継続時間と震源からの距離

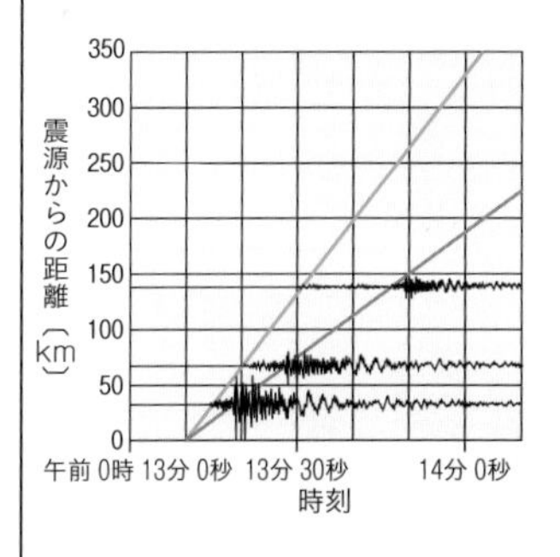

▶初期微動継続時間は，震源からの距離が大きいほど長くなる（→比例関係）。

よく出る化学式をチェック!

元素	元素記号	物質	化学式
水素	H	酸素	O_2
酸素	O	水素	H_2
硫黄	S	窒素	N_2
炭素	C	② 水	H_2O
窒素	N	① 二酸化炭素	CO_2
塩素	Cl	アンモニア	NH_3
ナトリウム	Na	酸化マグネシウム	MgO
アルミニウム	Al	酸化銅	CuO
マグネシウム	Mg	硫化水素	H_2S
鉄	Fe	硫化鉄	FeS
③ 銅	Cu	塩化水素	HCl
銀	Ag	塩化ナトリウム	NaCl
イオン	化学式	硫酸	H_2SO_4
水素イオン	H^+	硝酸	HNO_3
水酸化物イオン	OH^-	水酸化ナトリウム	NaOH
銅イオン	Cu^{2+}	炭酸水素ナトリウム	$NaHCO_3$
亜鉛イオン	Zn^{2+}	炭酸ナトリウム	Na_2CO_3

☑よく出る化学反応式をチェック!

ダニエル電池で起こる化学変化	変化を表す式
① −極で起こる反応	$Zn \longrightarrow$ **Zn^{2+}** $+$ **$2e^-$** 亜鉛原子　亜鉛イオン　電子
+極で起こる反応	$Cu^{2+} +$ **$2e^-$** $\longrightarrow$ **Cu** 銅イオン　電子　銅原子

化学変化	化学反応式
炭酸水素ナトリウムの熱分解	$2NaHCO_3 \longrightarrow$ **Na_2CO_3** $+ CO_2 + H_2O$ 炭酸水素ナトリウム　炭酸ナトリウム　二酸化炭素　水
酸化銀の熱分解	$2Ag_2O \longrightarrow$ **$4Ag$** $+ O_2$ 酸化銀　銀　酸素
水の電気分解	$2H_2O \longrightarrow$ **$2H_2$** $+ O_2$ 水　水素　酸素
塩酸の電気分解	**$2HCl$** $\longrightarrow H_2 + Cl_2$ 塩酸(塩化水素)　水素　塩素
塩化銅水溶液の電気分解	$CuCl_2 \longrightarrow Cu +$ **Cl_2** 塩化銅　銅　塩素
鉄と硫黄の反応	$Fe + S \longrightarrow$ **FeS** 鉄　硫黄　硫化鉄
銅と硫黄の反応	$Cu + S \longrightarrow$ **CuS** 銅　硫黄　硫化銅

よく出る化学反応式をチェック!

化学変化	化学反応式
炭素と酸素の反応（炭素の燃焼）	$C + O_2 \longrightarrow$ **CO_2** 炭素　酸素　二酸化炭素
水素と酸素の反応（水素の燃焼）	$2H_2 + O_2 \longrightarrow$ **$2H_2O$** 水素　酸素　水
銅と酸素の反応（銅の酸化）	$2Cu + O_2 \longrightarrow$ **$2CuO$** 銅　酸素　酸化銅
② マグネシウムの燃焼	$2Mg + O_2 \longrightarrow$ **$2MgO$** マグネシウム　酸素　酸化マグネシウム
③ 炭素による酸化銅の還元	$2CuO + C \longrightarrow$ **$2Cu$** $+ CO_2$ 酸化銅　炭素　銅　二酸化炭素
水素による酸化銅の還元	$CuO + H_2 \longrightarrow$ **Cu** $+ H_2O$ 酸化銅　水素　銅　水
塩酸と水酸化ナトリウム水溶液の中和	$HCl + NaOH \longrightarrow$ **$NaCl$** $+ H_2O$ 塩酸（塩化水素）　水酸化ナトリウム　塩化ナトリウム　水
硫酸と水酸化バリウム水溶液の中和	$H_2SO_4 + Ba(OH)_2 \longrightarrow$ **$BaSO_4$** $+ 2H_2O$ 硫酸　水酸化バリウム　硫酸バリウム　水

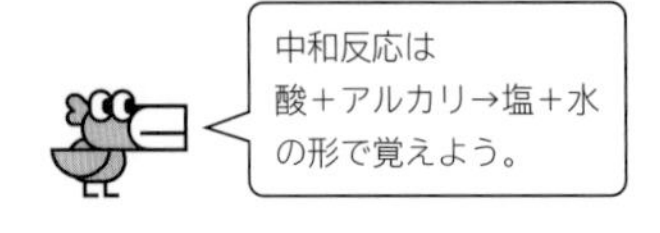

電離する物質	電離を表す式
塩酸（塩化水素）の電離	HCl（塩酸（塩化水素））⟶ H^+（水素イオン）＋ Cl^-（塩化物イオン）
硫酸の電離	H_2SO_4（硫酸）⟶ $2H^+$（水素イオン）＋ SO_4^{2-}（硫酸イオン）
硝酸の電離	HNO_3（硝酸）⟶ H^+（水素イオン）＋ NO_3^-（硝酸イオン）
水酸化ナトリウムの電離	NaOH（水酸化ナトリウム）⟶ Na^+（ナトリウムイオン）＋ OH^-（水酸化物イオン）
水酸化カリウムの電離	KOH（水酸化カリウム）⟶ K^+（カリウムイオン）＋ OH^-（水酸化物イオン）
水酸化バリウムの電離	$Ba(OH)_2$（水酸化バリウム）⟶ Ba^{2+}（バリウムイオン）＋ $2OH^-$（水酸化物イオン）
塩化ナトリウムの電離	NaCl（塩化ナトリウム）⟶ Na^+（ナトリウムイオン）＋ Cl^-（塩化物イオン）
塩化銅の電離	$CuCl_2$（塩化銅）⟶ Cu^{2+}（銅イオン）＋ $2Cl^-$（塩化物イオン）
硫酸銅の電離	$CuSO_4$（硫酸銅）⟶ Cu^{2+}（銅イオン）＋ SO_4^{2-}（硫酸イオン）

電離して水素イオンを生じるのが酸，
水酸化物イオンを生じるのがアルカリだったね。

よく出る公式・計算式をチェック!

光の反射の法則	▶入射角 = 反射角
直列回路の電流の大きさ 電圧の大きさ 全体の抵抗	▶$I_1 = I_2 = I_3 = I_4$ ▶$V = V_1 + V_2$ ▶$R = R_1 + R_2$ （全体の抵抗：R） 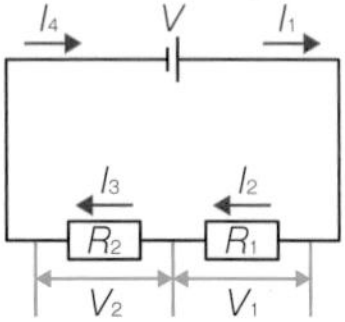
並列回路の電流の大きさ 電圧の大きさ 全体の抵抗	▶$I_1 = I_2 + I_3 = I_4$ ▶$V = V_1 = V_2$ ▶$\frac{1}{R} = \frac{1}{R_1} + \frac{1}{R_2}$ （全体の抵抗：R） 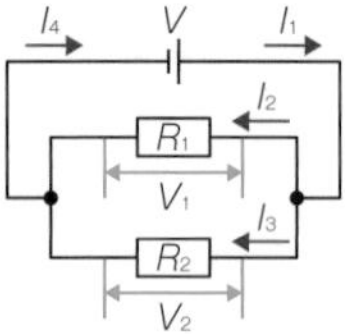
③ オームの法則	▶電圧〔V〕＝抵抗〔Ω〕 × 電流〔A〕 ▶$V = RI$
② 速さ	▶速さ〔m/s〕＝$\frac{\text{移動距離〔m〕}}{\text{移動にかかった時間〔s〕}}$
電力	▶電力〔W〕＝電圧〔V〕 × 電流〔A〕
熱量	▶熱量〔J〕＝ 電力 〔W〕×時間〔s〕

電力量（でんりょくりょう）	▶電力量〔J〕＝ 電力 〔W〕×時間〔s〕 ▶電力量〔Wh〕＝電力〔W〕× 時間 〔h〕
仕事（しごと）	▶仕事〔J〕＝ 力の大きさ 〔N〕 × 力の向きに動いた距離 〔m〕
仕事率（しごとりつ）	▶仕事率〔W〕＝$\dfrac{\text{仕事〔J〕}}{\text{仕事にかかった時間〔s〕}}$
密度（みつど）	▶物質（ぶっしつ）の密度〔g/cm^3〕＝$\dfrac{\text{物質の 質量 〔g〕}}{\text{物質の 体積 〔}cm^3\text{〕}}$
① 質量（しつりょう）パーセント濃度（のうど）	▶質量パーセント濃度〔%〕 ＝$\dfrac{\text{溶質 の質量〔g〕}}{\text{溶液 の質量〔g〕}}\times 100$ ＝$\dfrac{\text{溶質 の質量〔g〕}}{\text{溶媒 の質量〔g〕＋溶質の質量〔g〕}}\times 100$
圧力（あつりょく）	▶圧力〔Pa〕＝$\dfrac{\text{力の大きさ〔N〕}}{\text{力が垂直にはたらく 面積 〔}m^2\text{〕}}$
湿度（しつど）	▶湿度〔%〕 ＝$\dfrac{\text{空気 1 }m^3\text{ 中にふくむ水蒸気量〔}g/m^3\text{〕}}{\text{その温度での 飽和水蒸気量 〔}g/m^3\text{〕}}\times 100$

中学理科140 さくいん

●この本に出てくるおもな用語を
五十音順に配列しています。
●数字はおもな掲載ページです。

あ

明けの明星……59, 174, 175
圧力・大気圧……62, 194
アルカリ……34, 116
アルカリ性……112, 127
アンペア〔A〕……10
アンモナイト……57, 166
アンモニア……25, 108, 201
イオン……23, 104, 116
維管束……38, 45, 141, 162
位置エネルギー……7, 86, 87
遺伝・遺伝子……48, 49, 138
陰イオン……23, 35, 107
海風……60
運動エネルギー……7, 86, 87
運動神経……52, 53
栄養生殖……42
液体……36, 37, 110
液胞……158
S波……66, 172
エネルギー……7, 155
塩……35
塩化水素……113
塩酸の電気分解……122, 203
オオカナダモ……158
オーム〔Ω〕(の法則)……10, 75
オリオン座……176, 177
音源(発音体)……20
温帯低気圧……63
温暖前線……63, 165

か

外骨格……51
外とう膜……51, 136
回路……10, 76
外惑星……175
化学エネルギー……30, 124
化学電池……30, 104, 207
化学式・化学反応式……33, 228, 229
化学変化(化学反応)……32, 120, 121
化学変化と質量……120, 209
鍵層……56, 167
核……43, 158, 159
下降気流……63, 65
化合物……33
火山……68, 170
過酸化水素水……24, 108
火山岩……68, 69, 171
火山灰……56, 68, 166
火山噴出物……68
カシオペヤ座……176
火星……58
火成岩……68, 170, 171
化石……56, 166
化石燃料……15
活断層……67
加熱するときの注意点……204
花粉管……43
下方置換法……24, 109
感覚器官・感覚神経……52, 53
寒気……63, 165

還元……29
慣性・慣性の法則……13
岩石の観察……218
寒冷前線……63, 164, 165
気圧・気圧配置……164, 189
気孔……39, 150
気象要素・気象観測……62, 164
季節の変化……55
季節風……60, 189
気体……36, 37, 111
気体交換……154
気体の集め方……200
気体の性質・発生……108
吸熱反応……31, 124, 125
凝灰岩……56, 167, 180, 181
虚像……8, 9, 101
魚類……50, 137
霧……65
銀河系……59
金星……58, 174, 175, 218
金属のイオン……23, 106
菌類……47
空気中の水蒸気の変化……64
屈折角……8, 94
雲……65, 178, 219
クローン……49
形質と遺伝子……48, 210
夏至……55, 183, 187
血液・血液循環……152
血液のはたらき……217
月食……59, 168, 169
原子……32
原子核……22
原子力発電……15
減数分裂……49, 139
顕性形質……48, 138
元素・元素記号……32, 33
顕微鏡……143
玄武岩……68
コイル内の磁界……18, 90
甲殻類……51, 137
高気圧……62
光合成……39, 134, 148, 160, 211
恒星……58
公転……54, 55, 174
黄道……55, 191
鉱物……69, 171
合弁花（類）……44
孔辺細胞……39
交流……19
呼吸……39, 134, 154
黒点……58
コケ植物……45, 140, 141
古生代……57, 167
固体……36, 111
混合物……33
昆虫類……51, 137
根毛……38

さ

細菌類……47
再結晶……27, 133
細胞（による）呼吸……41, 155
細胞質……159
細胞のつくり……158
細胞分裂……42, 156
細胞壁・細胞膜……158, 159
砂岩……56, 180, 181
作用・反作用の法則……13
酸……34, 116
酸化・酸化物……28, 29, 118, 124
酸化銅の還元……206
酸性……25, 112
酸素……24

サンヨウチュウ……57, 167
磁界（磁場）……18, 80, 90, 102
師管……38, 162
仕事……6, 88, 89
示準化石……57, 167
地震……66, 172, 220
示相化石……57, 167
シダ植物……45, 140, 141
実像……9
湿度〔%〕……65, 184, 185
質量……17, 26, 36, 110
質量パーセント濃度〔%〕……26
質量保存の法則……28, 121
自転……54, 183
子房……44, 163
周期表……32
周波数〔Hz〕……19
柔毛……40
自由落下（自由落下運動）……13
重力……13, 16, 98
ジュール〔J〕……6, 7, 15
主根……45, 141
種子・種子植物……44, 140
受精・受精卵……43, 49, 139
受粉……44
主要動……66, 173
純系……48, 138
純粋な物質（純物質）……27, 37
消化・消化液・消化管……40, 145
蒸散……39, 150, 212
上昇気流……63, 65, 179
状態変化……36, 110
焦点・焦点距離……9, 72, 197
蒸発……27, 179
消費者……46, 47, 148
消費電力……14
上方置換法……24, 109
静脈血……152
蒸留……37, 132
初期微動（継続時間）……66, 172, 227
植物のなかま分け……140, 212
食物網・食物連鎖……46
磁力（磁石の力）……16, 18
磁力線……19
震央……66, 173
進化……49, 139
真空放電……21
震源・震源距離……66, 173
深成岩……69, 171
新生代……57, 167
震度……66
振動・振動数〔Hz〕・振幅……20, 78
水圧……17, 84, 85
水酸化物イオン……34, 35, 117
水上置換法……24, 109, 200
水素……25, 108, 109
水素イオン……34, 117
水中の小さな生物（微生物）……47, 143
垂直抗力……16, 99
水溶液・水溶液の性質……26, 112
水溶液とイオン……202
水力発電……15
西高東低（冬の天気）……61
精細胞……43
生産者……46, 47, 148
精子……43
生殖・生殖細胞……42, 43, 49
生態系……46, 149
静電気……21
生物と環境……46, 148
脊髄……52, 53, 147
脊椎動物……50, 137
積乱雲……165
石灰岩……57, 166, 181

石灰水……25, 108
石基……69, 170
節足動物……51, 137
染色体……42, 48, 156
潜性形質……48
前線の通過……221
全反射……9, 95
せん緑岩……69, 171
双子葉類……44, 45
草食動物……46, 50
相同器官……49, 139
側根……45, 141

た

大気圧（気圧）……62, 194
体細胞・体細胞分裂……43
体循環……152
対照実験……134
胎生……50, 137
堆積岩……56, 180, 181
台風……61, 189
太陽系……59
太陽光発電……15
太陽の1日の動き……182
太陽の南中高度の季節変化……186
対立形質……48
だ液のはたらき……144, 145, 214
ダニエル電池……30, 104, 207
暖気……63, 165
炭酸水素ナトリウムの分解……130, 131
炭酸ナトリウム……130, 131
単子葉類……44, 45
弾性・弾性力（弾性の力）……16
断層……67
炭素の循環……47
単体……33
力……6, 16, 92
力の分解・力の合成……98
地球型惑星……58, 175
地球の自転・公転と四季の星座……190
地層……56, 166, 223
窒素……25
チャート……57, 181
柱状図……56, 167
中枢神経……52
中性……35, 112, 126
中生代……57, 166, 167
柱頭……44, 163
中和……35, 126, 127
鳥類……50, 137
直流……19
直列回路……11
沈降……67
月……58, 168, 169
津波……67
つゆ（梅雨）……61
DNA……49, 138
泥岩……56
低気圧……63
抵抗・抵抗器……76, 77
停滞前線（梅雨前線）……61, 165
電圧〔V〕……10, 31, 74
電圧計……77
電解質……22
電気エネルギー……14, 30
電気抵抗〔抵抗〕……10, 11
天気の記号……62, 165, 188, 225
天気の変化……62, 223
電気分解……122, 123
電子……21, 22, 104
電子線（陰極線）……21
電磁誘導……19, 90, 91
電池（化学電池）……30, 104
デンプン……39, 144, 213

あ
か
さ
た
な
は
ま
や
ら
わ

電離……23, 116, 122, 231
電流……10, 11, 74
電流計……77
電流による発熱……103
電力・電力量……14, 15
等圧線……188
道管……38, 162
冬至……55, 183
等速直線運動……12, 99, 199
銅の酸化と質量……118
動物のなかま分け……50, 137, 216
等粒状組織……69, 170
凸レンズ……9, 72, 197

な

内骨格……53
内惑星……175
南高北低（夏の天気）……61
軟体動物……51, 136, 137
南中・南中高度……54, 182, 222
肉食動物……46, 50, 216
二酸化炭素……25
二次電池……31
日周運動……54, 183
日食……59, 169
日本の気象と大気の動き……60
入射角……8, 94, 100
ニュートン〔N〕……17
熱（熱エネルギー）……14
熱帯低気圧……61
熱量……15, 103, 232
年周運動……54, 177
燃焼……29
燃料電池……31

は

胚……43
梅雨前線……61
肺（による）呼吸……41, 155, 217
胚珠……43, 44, 163
肺・柔毛のつくり……215
排出……41
肺循環……152
肺胞……41, 155
は虫類……50, 137
白血球……153
発生……43
発電方法とエネルギー……15
発熱反応……31, 124, 125
ばねののび……17, 92, 226
速さ……12, 232
反射・反射の法則……8, 53, 100
反射光……94
斑晶……69, 170
斑状組織……69, 170
反応……53
pH（ピーエイチ）……34, 35
BTB溶液……35, 112, 134
P波……66, 172
ビカリア……57, 167
光の屈折……8, 94
光の反射の法則……8
ひげ根……45, 141
被子植物……44, 140
微生物のはたらき……213
非電解質……22
ヒトの刺激と反応調べ……146
風速・風向・風力……164, 188, 225
フェノールフタレイン溶液……25, 35, 114
フックの法則……17
物質の見分け方……114, 208
物体の運動……82
沸点……36, 132
沸騰石……132, 204

振り子の運動……96
浮力・水圧……17, 84, 85, 196
プレート……67
分解……32
分解者……47, 148, 149
分子……32
分離の法則……49
平行脈……45, 141
閉そく前線……165
並列回路……11
ヘクトパスカル〔hPa〕……164
ヘルツ〔Hz〕……19, 20
偏西風……60
胞子・胞子のう……45, 47, 140
放射性物質……21
放射線……21
放電……21
飽和水蒸気量……64, 65, 185, 233
飽和水溶液……27
星の1日・1年の動き……176, 177
哺乳類……50, 137

ま

マイクロスケール実験……203
マグニチュード……67, 220
マグネシウムの酸化と質量……128
マグマの性質と火山の形……68, 171, 220
摩擦力……16, 83, 198, 224
末しょう神経……52
マツの花のつくり……163
密度〔g/cm³〕……26, 111, 196, 207
無機物……46, 47, 148
無性生殖……42
無脊椎動物……50, 137
毛細血管……40, 41, 155
網状脈……45, 141
木星型惑星……58, 175
木炭電池……30

や・ら・わ

有機物……46, 47, 148
有性生殖……42
融点……36, 37
誘導電流……19, 90, 199
よいの明星……59, 174, 175
陽イオン……23, 35, 107
溶液……26
溶解度・溶解度曲線……27
陽子……22
溶質……26
ヨウ素液……144, 160, 161
溶媒……26
葉脈……38, 45, 141
葉緑体……39, 158, 161
裸子植物……44, 45, 140
卵・卵細胞……43
卵生……50, 136, 137
乱反射……8
力学的エネルギー……7, 86, 87
力学的エネルギーの保存……7, 96, 198
陸風……60
離弁花（類）……44
隆起……67
両生類……50, 137
れき岩・砂岩・泥岩……56, 180, 181
露点……64, 179, 185
惑星……58, 174
ワット〔W〕……6

編集協力	株式会社 バンティアン
	長谷川千穂
図版	株式会社 アート工房
	株式会社 ケイデザイン
DTP	株式会社 明昌堂
	データ管理コード:23-2031-3175

デザイン	修水（Osami）
キャラクターイラスト	吉川和弥（合同会社 自営制作）

本書に関するアンケートにご協力ください。

右のコードかURLからアクセスし，以下のアンケート番号を入力してご回答ください。当事業部に届いたものの中から抽選で年間200名様に「図書カードネットギフト」500円分をプレゼントします。

※アンケートは予告なく終了する場合があります。あらかじめご了承ください。

https://ieben.gakken.jp/qr/rank

アンケート番号 305714

高校入試 ランク順
中学理科140　改訂版

©Gakken

本書の無断転載，複製，複写（コピー），翻訳を禁じます。本書を代行業者等の第三者に依頼してスキャンやデジタル化することは，たとえ個人や家庭内の利用であっても，著作権法上，認められておりません。

②